ÉLÉMENTS

DE BOTANIQUE

LE RÈGNE

VÉGÉTAL

(BOTANIQUE)

Avec cent huit Figures

ÉDITION PUBLIÉE

A PARIS,

DANS LES DÉPARTEMENTS ET A L'ÉTRANGER

CHEZ TOUS LES LIBRAIRES.

INTRODUCTION

La Botanique est cette partie de l'histoire naturelle qui a pour objet l'étude des végétaux; elle nous apprend à les connaître, à les distinguer, à les classer. C'est une étude immense, puisqu'elle embrasse les innombrables plantes répandues dans toutes les parties du globe. La Botanique nous donne le secret de leur structure, de leurs organes, de leurs rapports, de leurs développements, de leur durée, de leur reproduction; elle nous initie enfin à leurs habitudes particulières et à leurs propriétés générales.

DES VÉGÉTAUX.

Les végétaux, que généralement et vulgairement on appelle *plantes*, sont des êtres organisés qui naissent, grandissent et meurent comme les animaux; comme eux ils dorment et se réveillent, souffrent et se rétablissent, s'alimentent et se reposent, se propagent et se perpétuent.

La vie des végétaux repose sur deux fonctions : la *nutrition* et la *reproduction*, et ces deux fonctions, plus ou moins compliquées dans la série végétale, s'accomplissent au moyen de parties qu'on appelle des *organes*. Ainsi, les *racines*, les *feuilles*, sont les principaux organes de la nutrition; les *étamines* et les *pistils*, ceux de la reproduction.

Mais avant d'étudier la manière dont fonctionnent ces organes, il faut nous occuper des diverses parties qui concourent à l'accomplissement de ces fonctions.

D'abord, l'élément primitif des végétaux ou la partie solide des plantes se présente sous deux formes principales : le *tissu cellulaire* et le *tissu vasculaire*, désignés collectivement sous le nom de *tissus élémentaires*.

Le tissu cellulaire existe dans tous les végétaux sans exception; il est composé de petites lames transparentes qui, réunies en mailles accolées entre elles, forment de petites cavités ou cellules allongées les unes près des autres et plus ou moins resserrées, ce qui donne à la plante plus ou moins de consistance (fig. 1, 2, 3).

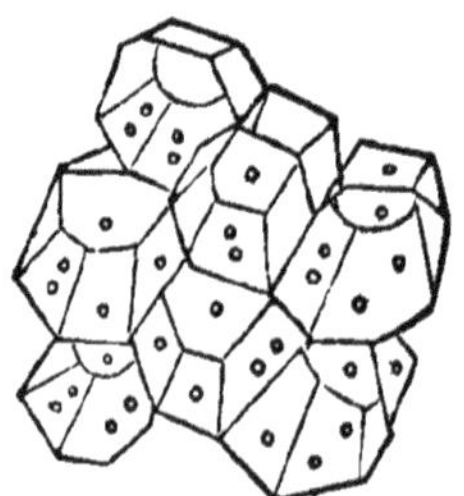

1. Sureau.
Tissu cellulaire de la moelle.

2. Fève.
Cellules étoilées.

3. Gui.
Cellule rayée et réticulée.

Le tissu vasculaire, qui n'existe que dans quelques plantes, telles que les *mousses*, les *lichens*, les *champignons* est formé par des lamelles transparentes qui, se roulant sur elles-mêmes, prennent la forme de tubes, de canaux ou de vaisseaux dont nous parlerons plus tard. Ces dernières servent à distribuer dans le végétal les substances gazeuses ou liquides nécessaires à son entretien.

Soit que le tissu existe simplement en tissu cellulaire, soit qu'il ait la forme de tissu vasculaire, la partie de ce tissu qui conserve une consistance molle, et qui peut être enlevée sans détruire la forme du végétal, a reçu le nom de *parenchyme*. Lorsqu'on a enlevé les parties molles, il reste un réseau formé d'un plus ou moins grand nombre de faisceaux, qui a reçu le nom de *fibres végétales* (fig. 4).

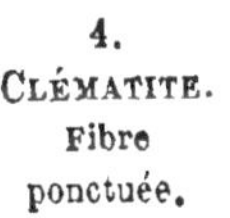

4. CLÉMATITE. Fibre ponctuée.

ORGANES DES VÉGÉTAUX.

Le parenchyme et les fibres, en se combinant diversement, composent les différents organes des végétaux, qui se divisent en organes *principaux* et en organes *secondaires*.

Les organes principaux sont classés en deux grandes divisions. Les uns, appelés *organes de la nutrition*, sont destinés à entretenir la vie des plantes; ce sont :

Les *racines*,

Les *tiges*

Et les *feuilles*.

Les autres, chargés de les perpétuer, sont appelés naturellement *organes de la reproduction;* ce sont :

Les *fleurs*

Et les *fruits*.

Ces organes ne sont pas toujours absolument nécessaires à la vie des végétaux. Les racines et les fleurs leur sont indispensables pour se reproduire[1]; mais il est quelques plantes qui n'ont pas de feuilles, d'autres sont dépourvues de tige; nous y reviendrons.

Les organes secondaires, que l'on appelle ordinairement les *parties accessoires* des végétaux, sont : les *épines*, les *aiguillons*, les *poils*, les *cils*, les *soies*, les *laines*, les *colons*, les *duvets*, les *vrilles*, les *glandes*, les *spathes*, les *stipules* et les *bractées*, que nous étudierons après avoir parlé des racines, des tiges et des feuilles, objets de la première partie de notre travail.

[1] Il existe cependant des végétaux, appartenant à l'embranchement des *Acotylédones*, qui n'ont pas de fleurs; nous nous en occuperons plus tard.

BOTANIQUE

LIVRE PREMIER

ORGANES DE LA NUTRITION.

CHAPITRE PREMIER.

DE LA RACINE.

La racine est cette partie du végétal qui sert :

1° A le fixer à la terre ou au corps sur lequel il doit vivre ; 2° à puiser dans la terre une partie des matériaux nécessaires à l'accroissement du végétal.

Les racines de quelques plantes ne paraissent remplir que la première de ces fonctions. C'est ce que l'on observe principalement dans les plantes grasses ou succulentes, qui absorbent les substances propres à leur nutrition par les points de leur surface exposés à l'air. Dans ce cas leurs racines ne servent qu'à les fixer au sol.

On a pu admirer à Paris, il y a quelques années, dans les anciennes serres du Muséum d'histoire naturelle, le magnifique *cierge du Pérou* (cactus peruvianus). Ce végétal, qui était d'une hauteur extraordinaire, poussait avec une extrême vigueur des rameaux énormes ; et pourtant ses racines étaient renfermées dans une caisse en bois contenant à peine 80 à 100 décimètres cubes d'une terre qui n'était jamais ni renouvelée ni arrosée.

Les racines des plantes ne sont pas toujours proportionnées à la force et à la grandeur des tiges qu'elles supportent.

Les *palmiers* et les arbres de la famille des conifères, dont le tronc acquiert quelquefois une hauteur de 30 à 40 mètres, ont des racines courbes, s'étendant peu profondément dans la terre et ne s'y fixant que faiblement. Les plantes herbacées, au contraire, dont la tige faible et grêle meurt chaque année, ont parfois des racines d'une force et d'une longueur considérables, comme on l'observe dans la *réglisse*, la *luzerne* et l'*ononis arvensis*, qui, à cause de la ténacité et de la profondeur de ses racines, souvent rencontrées par la charrue, a été appelé *arrête-bœuf*.

L'usage principal des racines est donc d'absorber dans le sein de la terre l'eau chargée des substances qui doivent servir à l'accroissement du végétal. Mais tous les points de la racine ne concourent pas à cette fonction : cette absorption s'exerce par l'extrémité de leurs fibres, composées de petits filaments, plus ou moins nombreux, ayant la forme de tubes très-déliés.

Ces tubes, à l'aide des bouches aspirantes qui les terminent, et que l'on nomme *spongioles* ou *suçoirs*, pompent et sucent en quelque sorte dans la terre les liquides propres à la nutrition de la tige.

Il est facile de se convaincre de ce phénomène.

Si, en effet, on plonge un *radis* ou un *navet*[1] dans l'eau par l'extrémité de la radicule qui le termine, il poussera des feuilles et végétera. Si, au contraire, on le dispose de façon que son extrémité inférieure soit hors du liquide, il ne donnera aucun signe de développement.

Les racines de certaines plantes paraissent excréter une matière particulière, différente selon les diverses espèces. Ainsi, lorsqu'on arrache de vieux ormes, on trouve la terre

[1] Nous avons soin de ne prendre nos exemples que dans les plantes les plus communes, afin que tout le monde puisse répéter facilement les expériences que nous indiquons.

qui environne les racines plus onctueuse et d'une couleur plus foncée : c'est un effet de l'excrétion dont nous parlons. Lorsqu'on fait végéter des *jacinthes*, des *narcisses* ou toute autre plante dans l'eau, on voit la surface des racines se recouvrir d'une sorte d'enduit muqueux qui finit par communiquer au liquide une odeur désagréable et fétide, et qui est une véritable excrétion de la racine.

C'est à cette matière, différente, avons-nous dit, dans chaque espèce végétale, que l'on a attribué les *sympathies* et les *antipathies* de quelques végétaux les uns pour les autres. On sait, en effet, que certaines plantes semblent en quelque sorte se rechercher et vivre volontiers les unes à côté des autres, tandis que d'autres ne peuvent croître dans un seul et même lieu.

Les racines sont très-utiles à la nourriture des hommes et des animaux; elles servent aussi à contenir les sables, comme la *laiche des sables* et les *joncs maritimes;* les terrains mouvants, comme le *trèfle* et la *luzerne*. D'autres sont employées dans les arts industriels, comme les racines de la *gentiane* et de la *garance;* dans les préparations médicinales, comme celles de la *mauve* et de la *réglisse*, et à beaucoup d'autres usages de l'économie domestique.

COMPOSITION DES RACINES.

La racine est composée de trois parties principales que l'on appelle le *collet*, le *corps* et le *chevelu*.

Le *collet*, que l'on nomme aussi le *nœud vital* ou le *réservoir*, parce qu'il est le siége de toute l'action vitale de la plante, est, dans la racine, la partie supérieure, d'où sortent les fibres de la plante pour prendre les directions qui leur conviennent, c'est-à-dire le point de départ de la tige qui monte et des *radicelles* qui descendent.

Le *chevelu*, que l'on appelle aussi les *radicelles*, est, dans la racine, la partie inférieure, composée de petits filaments plus ou moins nombreux, terminés par les *spongioles*.

Le chevelu est d'autant plus abondant et plus développé

que le végétal vit dans un terrain plus mouvant. Lorsque, par hasard, l'extrémité d'une racine rencontre un filet d'eau, elle s'allonge, se développe en fibrilles ramifiées, et constitue ce que les jardiniers appellent *queue de renard.* Ce phénomène, que l'on peut produire à volonté, explique pourquoi les plantes aquatiques ont, en général, des racines beaucoup plus développées que les autres.

Le *corps* est, dans la racine, la partie moyenne et ordinairement renflée, quoique variant beaucoup de forme, qui digère les aliments absorbés par les radicelles, et qui envoie au végétal, par le collet, le *chyle* ou résultat de la digestion des aliments.

DIVISION DES RACINES.

Maintenant que nous connaissons la structure des racines, nous allons les considérer par rapport à :

1° Leur *durée;* 4° Leur *force;*
2° Leur *forme;* 5° Leur *longueur*,
3° Leur *direction;* Et 6° leur *couleur.*

DURÉE DES RACINES.

Les végétaux, sous le rapport de la durée de leurs racines, et, par conséquent, de la longueur de leur propre existence, puisque la racine est indispensable à leur alimentation, se divisent en quatre classes :

1° *Les plantes annuelles.* Ce sont celles dont les racines et les tiges prennent tout leur accroissement et périssent dans le cours d'une seule année. Exemples : le *blé*, l'*orge*, le *pied d'alouette*, le *coquelicot;*

2° *Les plantes bisannuelles*, c'est-à-dire celles dont les tiges et les racines achèvent de prendre tout leur accroissement et périssent dans la seconde année de leur germination. Dans la première année elles ne donnent que des feuilles; dans la seconde seulement elles produisent des fleurs et des fruits : tels sont la *carotte*, la *betterave*, le *chou*, le *bouillon-blanc;*

3° *Les plantes vivaces*, *herbacées*, dont les racines vivent et se développent pendant plus de deux années, ainsi qu'on le voit dans l'*oseille*, le *jonc*, la *pyrole* et les *asperges;*

4° Enfin *les plantes ligneuses*, qui sont toutes des plantes *vivaces*, mais dont la consistance est toujours solide, les tiges dures et difficiles à rompre, et la persistance de plus longue durée : ce sont les arbres, les arbrisseaux et les arbustes, tels que le *chêne*, le *pommier*, le *lilas*, le *rosier*, etc.

Dans les catalogues de botanique on désigne la durée des plantes par les signes suivants, affectés par les astronomes à indiquer des révolutions planétaires d'un an, de deux ans, etc. (soleil, Mars, Jupiter et Saturne) :

Annuelles.	☉
Bisannuelles.	♂
Vivaces herbacées.	♃
Vivaces ligneuses.	♄

Il y a, du reste, une très-grande variation dans la durée de la vie des plantes : il en est d'éphémères, que la rosée du matin fait éclore et qui périssent à la nuit : tels sont la *trémelle* et quelques *champignons;* d'autres, au contraire, tels que les *oliviers* et les *cèdres*, subsistent pendant plusieurs siècles, et même, comme les *ostocs* et les *baobabs* gigantesques de l'Amérique, peuvent atteindre plusieurs milliers d'années.

Le climat a une grande influence sur la durée des végétaux. Telle plante, annuelle dans une certaine région, vit plusieurs années dans une autre. Ainsi le *réséda*, qui est annuel en France, est vivace en Égypte; la *belle-de-nuit* et le *gobéa*, vivaces au Pérou, sont annuels en Europe; le *ricin*, annuel dans nos climats, est, en Afrique, une plante ligneuse arborescente.

FORME DES RACINES.

Quant à leur forme, les racines sont divisées aussi en quatre espèces, savoir :

1° Les *racines pivotantes*, dont le corps s'enfonce perpendiculairement dans le sol et qui ont une structure en forme de pivot ou pieu. Elles sont tantôt *simples*, comme dans la *carotte*, le *navet*, la *betterave*; tantôt *ramifiées*, comme dans le *frêne*, le *peuplier*, le *chêne;*

2° Les *racines fibreuses*, c'est-à-dire composées d'une ou de plusieurs fibres filamenteuses, comme le *panais* (une) et l'*orme* (plusieurs);

3° Les *racines tubériformes*, composées de substances charnues et plus ou moins renflées, avec des yeux et des cicatrices, comme les *truffes*, les *pommes de terre*, les *dahlias*, les *pivoines;*

4° Enfin les *racines bulbiformes*, ainsi nommées parce qu'elles portent une bulbe ou un oignon à la partie supérieure (elles ont encore reçu le nom de *griffes* ou de *pattes*), comme les racines du *lis*, de la *jacinthe*, de l'*anémone*, de la *tulipe.*

Indépendamment de ces quatre divisions générales, les racines ont, quant à leurs formes spéciales, reçu d'autres dénominations particulières ; on les dit :

1° *Racines simples* lorsqu'elles sont sans divisions sensibles, comme la *rave* et la *carotte;*

2° *Racines rameuses* lorsqu'elles ont des divisions sensibles, comme le *frêne* et le *peuplier d'Italie;*

3° *Racines fasciculées* lorsqu'elles sont en faisceaux, comme le *dahlia* et la *renoncule;*

4° *Racines capillaires* lorsqu'elles sont en fibres déliées, comme l'*orge* et le *lin;*

5° *Racines écailleuses* lorsqu'elles sont entourées d'une espèce de cuirasse plus dure que l'intérieur, comme l'*oignon* et le *lis;*

6° *Racines noueuses* lorsqu'elles sont composées de nœuds formant des renflements, comme l'*avoine à chapelet;*

7° *Racines articulées* lorsqu'elles ont des étranglements de distance en distance, comme le *sceau de Salomon;*

8° *Racines ovoïdes* quand elles offrent un ou plusieurs tubercules arrondis en forme d'œuf, comme les *orchis;*

9° *Racines digitées* lorsque ces tubercules sont divisés

également jusqu'à la base et en forme de doigt, comme l'*orchis digité;*

10° *Racines flexueuses*, enfin, lorsqu'elles éprouvent des torsions sur elles-mêmes, comme la *bistorte.*

DIRECTION DES RACINES.

Les racines tendent en général à se diriger vers le centre de la terre; mais il en est qui se détournent de cette direction pour aller chercher la nourriture qui leur convient, et, sous ce rapport, on les distingue en :

1° *Verticales*, ou plongeant verticalement dans le sein de la terre, comme le *panais* et la *carotte;*

2° *Horizontales*, quand elles suivent une direction parallèle au sol, comme l'*iris commun* et l'*anémone;*

3° *Obliques*, si elles s'enfoncent dans une direction intermédiaire, comme le *chêne* et l'*iris germanique;*

4° *Traçantes*, lorsqu'elles produisent çà et là des rejets, comme le *sumac* et le *lilas.*

FORCE DES RACINES.

Les racines ont, en général, une grande force de végétation : elles poussent dans les terres les plus sèches, comme les *pins*, et dans les tufs les plus durs, comme les *vignes;* elles se glissent entre les jointures des murailles et les font éclater à la longue, comme le *lierre;* elles traversent les caves et les puits les plus larges, comme l'*acacia d'Amérique;* elles pénètrent même dans les rochers, comme le *romarin.*

LONGUEUR ET COULEUR DES RACINES.

La longueur des racines n'est pas toujours en rapport avec l'élévation de la tige d'un végétal; tel arbre qui a une très-grande hauteur de tige peut avoir de très-courtes racines, et réciproquement. Ainsi la tige de *luzerne* est très-courte, bien que ses racines soient fort longues ; le contraire a lieu dans le *sapin*.

Les racines sont généralement brunes, de couleur de bistre ou noires, jamais vertes ; il en est toutefois qui ont d'autres nuances : elles sont jaunâtres dans le *mûrier*, rougeâtres dans l'*orme*, blanches dans le *cytise des Alpes*.

Certains végétaux vivent dans l'eau et sont appelés *plantes aquatiques ;* exemples : le *nénuphar* et le *trèfle d'eau*, pourvus, outre les racines qui les attachent à la terre, d'autres racines qui sont flottantes dans les eaux. Certaines plantes, telles que les *lentilles aquatiques* et l'*utriculaire*, nagent à la surface de l'eau sans adhérer aucunement à la terre ; elles se nourrissent uniquement des matières qu'elles rencontrent en suspension dans les eaux.

Il y en a qui vivent à la fois dans l'eau et sur la terre : ce sont les *plantes amphibies*.

Quelques-unes, enfin, n'ont de racine ni dans le sol ni dans l'eau ; telles sont la *valériane rouge* et la *giroflée commune*, qui absorbent les matériaux nutritifs qu'elles rencontrent dans les murailles ; les *algues* et les *lichens*, qui végètent sur les pierres et les rochers. Les plantes appelées *parasites* naissent et croissent sur d'autres végétaux, et se nourrissent de la substance que ceux-ci tirent de la terre : tels sont le *sucepin* et le *gui*, qui vivent sur les arbres ; la *cuscute* et les *mousses*, parasites des écorces.

Après avoir exposé ce qui concerne le premier des organes des végétaux, à part ce qui regarde la nutrition des racines elles-mêmes, dont nous parlerons en son lieu, nous allons passer à l'examen de la tige.

CHAPITRE II.

LA TIGE.

La tige est cette partie du végétal qui sort du collet de la racine, croît en sens inverse des radicelles, s'élève dans l'atmosphère et donne naissance aux branches, aux feuilles et aux fleurs.

La tige a la triple destination de transporter à ces autres parties du végétal les sucs nourriciers puisés dans le sol par les racines, de les présenter à la chaleur vivifiante du soleil et au balancement salutaire des vents, de les préserver, pendant l'hiver, de l'humidité des terres inondées par les pluies, pendant l'été, de l'ardeur du sol brûlé par le soleil.

Cet organe existe constamment; toutes les plantes ont une tige, mais quelquefois elle reste très-courte, prend très-peu de développement, et les feuilles semblent naître immédiatement du collet ou partie supérieure de la souche. On donnait autrefois le nom d'*acaules*, ou sans tige, aux plantes qui offrent cette disposition, comme par exemple le *pissenlit* et la *mandragore;* mais on a reconnu plus tard que ces plantes possédaient véritablement une tige, mais très-courte et en partie cachée sous le sol.

Comme nous l'avons fait pour les racines, nous considérerons les tiges d'abord par rapport à leur structure générale, c'est-à-dire leur consistance, et ensuite par rapport à la structure particulière à chaque espèce de plantes, c'est-à-dire leurs formes, leurs surfaces, leurs directions, leurs ramifications et la position de leurs rameaux.

STRUCTURE GÉNÉRALE DES TIGES.

Sous le rapport de leur structure générale, les tiges sont d'abord rangées en trois classes principales:

Les *sous-ligneuses*, — les *ligneuses*, — les *herbacées.*

Les tiges des plantes ligneuses sont dures et sèches; elles forment un corps solide qui a reçu le nom de *bois;* elles persistent dans toutes leurs parties pendant un plus ou moins grand nombre d'années. Les tiges du *chêne*, du *prunier*, du *cerisier*, de l'*oranger*, sont des tiges *ligneuses.*

Les tiges des plantes sous-ligneuses sont de même dures et sèches, et forment également un corps solide; mais la base seule de la tige persiste pendant un certain nombre d'années, tandis que les extrémités périssent et se renouvellent tous les ans : tels sont le *thym*, le *chèvrefeuille*, la *vigne-vierge* et la *giroflée des murs.*

Les tiges des plantes herbacées sont molles, flexibles et vertes dans toutes leurs parties; elles forment généralement un corps creux et aqueux qui a reçu le nom d'*herbe;* elles meurent entièrement dès la première année, après avoir donné leurs fleurs et leurs fruits : tels sont le *mouron*, le *pavot*, la *bourrache* et le *poireau.*

CONSISTANCE SPÉCIALE DES TIGES.

Sous le rapport de la consistance, les tiges sont encore appelées :

1° *Tiges solides* quand elles sont sans cavité intérieure, comme le *maïs* et l'*abricotier ;*

2° *Tiges fistuleuses* quand elles sont creuses intérieurement, comme l'*oignon* et l'*angélique ;*

3° *Tiges médulleuses* quand elles sont remplies de moelle, comme le *sureau* et le *grand-soleil ;*

4° *Tiges spongieuses* quand elles sont formées d'un tissu élastique compressible, comme la *massette ;*

5° *Tiges fermes et résistantes* quand on ne peut les rompre nettement en plusieurs parties, comme la *bistorte ;*

6° *Tiges fermes et cassantes* quand on peut les rompre nettement en plusieurs parties, comme l'*herbe à Robert ;*

7 *Tiges souples-flexibles* quand elles sont molles, mais

ne se courbent que lorsqu'on les fait plier, comme l'*osier* et le *cobæa* ;

8° Tiges *souples tombantes* quand elles sont molles et qu'elles tombent par leur propre poids, comme le *mouron* et le *chèvrefeuille.*

STRUCTURE DE LA TIGE LIGNEUSE.

Le tronc des tiges ligneuses est formé, chez le plus grand nombre de végétaux, de couches concentriques superposées. Il représente, en quelque sorte, une suite d'étuis ou de cônes très-allongés, emboîtés les uns dans les autres. Coupé transversalement, il présente des espèces de cercles qui se composent des parties suivantes :

1° Tout à fait à l'extérieur, l'*écorce*, formée de feuillets plus ou moins nombreux, appliqués les uns contre les autres et unis entre eux ;

2° Les *couches ligneuses*, distinguées en :

Externes ou *aubier*, ou *faux-bois*,
Internes ou *bois*, ou *cœur de bois.*

3° Le centre du bois est occupé par la *moelle*, à laquelle la partie la plus intérieure du bois forme une sorte d'enveloppe nommée *étui médullaire.*

Nous allons étudier successivement ces diverses parties.

ÉCORCE.

L'écorce est la partie la plus extérieure de la tige ; elle se compose de couches minces, très-intimement unies entre elles. Elle comprend, dans l'ordre suivant :

1° L'*épiderme ;*
2° L'*enveloppe herbacée ;*
3° Les *couches corticales.*

Épiderme. L'épiderme est une peau ou membrane très-mince à l'extérieur, généralement transparente, offrant au microscope une multitude de pores ou petites ouvertures, et recevant sa couleur verte de l'enveloppe herbacée.

L'épiderme se déchire sur les arbres qui acquièrent un certain volume, tels que le *chêne.*

Il se fendille sur les arbres plus petits, tels que le *groseillier.*

Il se détache par plaques ou par lambeaux dans d'autres arbres, tels que le *platane* et le *bouleau*, chez lesquels ils se renouvelle presque chaque année.

Une observation assez curieuse à faire, c'est que, malgré la facilité avec laquelle l'épiderme se détache de la tige, et surtout malgré son peu de consistance, c'est généralement la partie du végétal qui résiste le plus longtemps à la décomposition.

Enveloppe herbacée. L'enveloppe herbacée, qui vient ensuite, est entièrement distincte de l'épiderme. C'est une substance spongieuse, pleine de sucs et d'une couleur verte dans les jeunes pousses, remplie de petites cavités ou cellules, ce qui lui a fait donner aussi le nom de *tissu cellulaire.*

L'enveloppe herbacée est le siége d'un des phénomènes chimiques les plus remarquables qu'offre la vie d'une plante; en effet, c'est dans ce tissu, qui entre également dans la structure des feuilles, que s'opère la décomposition de l'acide carbonique absorbé dans l'air par la plante.

Nous aurons, du reste, à nous occuper de ce phénomène, lorsque nous parlerons de la respiration et de la nutrition des végétaux.

L'enveloppe herbacée, qui est très-développée dans une certaine espèce de chêne, produit cette substance sèche et légère qu'on appelle *liége.*

Couches corticales. Toute la partie intérieure de l'écorce au-dessous de l'enveloppe herbacée se compose d'une suite de feuillets superposés et unis très-intimement. On donne à ces feuillets le nom de *couches corticales.*

Quelques auteurs partagent ces couches en deux portions : les plus extérieures, plus anciennes et desséchées, sont les *couches corticales proprement dites*, tandis qu'on nomme *liber* les plus profondes.

Mais cette distinction, tout à fait arbitraire, n'est d'aucune utilité; car ces deux parties ont une même origine, une même structure, et sont, par conséquent, un seul et même organe.

Cependant, par une macération prolongée de l'écorce dans l'eau, on peut détacher et séparer les feuillets du *liber*.

Les anciens se servaient de cette écorce, de ce *liber*, pour écrire, après l'avoir préalablement fait dessécher; de là nous est venu le mot *livre*.

Tant que l'écorce jouit de sa vitalité et de sa force végétative, ses fibres sont douées d'une très-grande ténacité, dont on a souvent tiré parti.

C'est ainsi qu'on a fait des toiles et du papier avec les feuillets corticaux du *mûrier à papier*, qu'avec ceux du *tilleul* on fabrique les cordes de nos puits, enfin que les deux matières végétales textiles les plus généralement employées en Europe, le *chanvre* et le *lin*, ne sont autre chose que les fibres retirées de l'écorce de ces deux plantes.

Un grand nombre de végétaux en fournissent de semblables.

COUCHES LIGNEUSES.

Le corps ligneux, ou le *bois*, est toute la partie de la tige située immédiatement au-dessous de l'écorce, jusqu'à l'étui médullaire.

Dans la jeune tige, pendant la première année, l'écorce et le bois sont intimement confondus et unis entre eux; mais, par la suite, l'écorce se distingue très-nettement du bois, dont on la sépare avec la plus grande facilité.

Si l'on examine une tige de *chêne*, de *pommier*, de *cerisier*, de *noyer*, ou de tout autre arbre dont le bois est plus ou moins coloré, on reconnaît une différence très-sensible entre les couches ligneuses les plus intérieures, qui sont plus foncées et d'un tissu plus dense, et les couches extérieures, qui sont au contraire d'une teinte plus pâle et d'un tissu plus mou.

On a donné le nom d'*aubier* à l'ensemble des couches les plus extérieures du bois, et celui de *bois proprement dit*, de *cœur de bois* ou de *duramen*, aux plus intérieures.

Quelquefois cette différence de coloration entre le bois et l'aubier est extrêmement marquée, et le changement se fait brusquement et sans nuances intermédiaires, comme dans le bois d'*ébène*, dont le cœur ou duramen est noir tandis que l'aubier est blanc; dans le *bois de Campêche*, où le duramen est d'un rouge très-foncé, tandis que les couches de l'aubier sont pâles et blanchâtres.

Mais il arrive fréquemment aussi que cette différence est insensible et que les couches externes ont la même teinte que les internes. C'est ce qu'on observe dans les bois blancs et légers comme le *pin*, le *sapin*, le *peuplier*, l'*érable*, etc. L'aubier, dans ce cas, ne diffère du bois que par la moindre solidité du tissu qui le compose; néanmoins, même alors, on donne le nom d'aubier à ces couches plus extérieures du corps ligneux.

Nous n'avons pas besoin de faire remarquer que l'aubier est le même organe que le bois proprement dit, mais plus jeune. Par suite des progrès de l'acte végétatif, les couches d'aubier les plus intérieures prennent à leur tour tous les caractères du bois proprement dit, et viennent en augmenter la masse à mesure que chaque année une nouvelle zone d'aubier ou de jeune bois vient s'ajouter extérieurement à celle qui avait été formée l'année précédente. L'âge d'un arbre peut donc être apprécié d'une manière à peu près certaine par l'inspection des couches ligneuses qui composent sa tige (fig. 5).

5. CHÊNE.
Tranche horizontale d'une tige de six ans.

MOELLE ET ÉTUI MÉDULLAIRE.

Vers la partie centrale de la tige se trouve le canal ou étui médullaire, rempli par un tissu plus ou moins régulier appelé *moelle*.

La forme de l'étui médullaire est très-variable. Dans le plus grand nombre des cas elle est à peu près circulaire; elliptique dans le *frêne*, elle est anguleuse dans le *laurier-rose;* elle est étoilée, en général, dans les jeunes branches et les jeunes tiges.

La moelle qui remplit le canal médullaire se montre avec des caractères différents, suivant qu'on l'examine dans une branche jeune, de l'année, qui se développe, ou dans une tige déjà ancienne.

Dans une jeune tige la moelle forme une masse qui se prolonge sans interruption depuis le collet de la racine jusqu'à l'extrémité des plus petits rameaux de la tige. Elle est charnue, imprégnée de sucs dans toutes ses parties, et souvent d'une couleur verte plus ou moins intense. Mais, à mesure que la branche ou la tige s'accroît et qu'elle développe des feuilles et des fleurs, les liquides accumulés dans la moelle sont absorbés; les particules de matière verte disparaissent, et quand la végétation, commencée au printemps, s'arrête en été, le canal médullaire ne contient plus qu'un tissu aride, incolore, et se desséchant avec la plus grande facilité. Il se vide donc avec l'âge, et généralement les vieux arbres ne contiennent plus de moelle.

L'organisation de la tige des plantes ligneuses est nécessairement tout autre que celle des plantes herbacées; celles-ci ne vivent qu'une année ou deux et ne sont formées que de moelle et d'écorce; cette différence s'explique facilement par le peu de durée de leur existence, qui ne permet pas à leurs diverses couches de prendre une solidité assez grande pour les faire transformer en bois.

NOM DES TIGES PRINCIPALES.

Suivant leurs manières d'être, les tiges ont reçu les noms particuliers de *chaume*, *tronc*, *stipe*, *hampe*, *souche*.

Chaume. Le chaume est une tige creuse [1], le plus souvent herbacée, rarement ligneuse (les *bambous*, la *canne de Provence*), généralement simple, offrant de distance en distance des nœuds pleins, d'où naissent des feuilles qui commencent par une longue gaîne embrassant la tige. Cette sorte de tige est particulière aux *graminées* (le *blé*, l'*orge*, l'*avoine*) et aux *cypéracées* (les *carex*, les *souchets*).

Tronc. On appelle *tronc* la tige de presque tous les arbres de nos jardins et de nos forêts. Elle est ligneuse, diminue de grosseur en allant de la base au sommet, se divise et se subdivise en un grand nombre de branches et de rameaux sur lesquels naissent les feuilles ; elle offre une écorce distincte et composée intérieurement de bois disposé en couches concentriques et superposées.

Stipe. Le *stipe* est une autre sorte de tige ligneuse qu'on observe dans certaines familles de végétaux, auxquelles appartiennent les *palmiers*, les *bananiers*, les *aloès*. Il a pour caractère d'être droit, cylindrique, c'est-à-dire rond et aussi gros à son extrémité supérieure qu'à sa base, et de porter à son sommet un bouquet de feuilles ordinairement très-grandes et entremêlées de fleurs.

Hampe. La hampe est la tige herbacée dépourvue de feuilles. Elle part du collet de la racine et se termine par une ou plusieurs fleurs, comme dans le *muguet*, la *tulipe*, la *jacinthe*, le *pissenlit*.

Souche. La souche ou *rhizome* (fig. 6) est la tige souterraine et horizontale des plantes vivaces cachées en tout ou en partie dans la terre, et poussant de leurs extrémités

[1] Elle est pleine dans plusieurs *graminées*, entre autres dans la *canne à sucre*.

antérieures de nouvelles tiges, que l'on appelle communément *racines progressives*, à mesure que les tiges précédentes

6. PRIMEVÈRE.
Rhizomes et feuilles radicales.

se détruisent, comme la *scabieuse*, la *sylvie*, le *sceau de Salomon*.

La tige présente des caractères variés suivant qu'on étudie : 1° Sa forme, — 2° sa direction, — 3° sa surface.

FORME DE LA TIGE.

La forme de la tige est généralement à peu près *cylin-*

drique. Elle peut être *triangulaire*, *carrée* ou *quadrangulaire*, comme dans le *thym* et le *serpolet*. Elle est :

Noueuse quand elle présente des nœuds ou renflements solides, comme dans le *geranium Robertianum* et dans les végétaux de la famille des *graminées ;*

Articulée, c'est-à-dire formée d'articulations superposées : exemple le *gui ;*

Géniculée quand ces articulations sont fléchies, comme dans le *geranium sanguineum ;*

Sarmenteuse et grimpante, c'est-à-dire mince, ayant besoin d'un support pour se soutenir, et s'élevant sur les corps voisins au moyen d'appendices particuliers nommés *vrilles*, ou par sa simple torsion autour de ces corps : tels sont la *vigne*, le *pois de senteur*, la *courge* et la *clématite ;*

7. HOUBLON.
Tige volubile.

Volubile (fig. 7) lorsque la tige monte en spirale autour des plantes qui l'avoisinent, comme le *houblon* et le *chèvrefeuille*, qui tournent continuellement à gauche en suivant le mouvement du soleil, ou comme le *liseron* et le *haricot*, qui, au contraire, tournent continuellement à droite ;

Grêle, c'est-à-dire mince et effilée, et poussant des jets longs et droits, comme le *saule* et le *noisetier*.

DIRECTION DE LA TIGE.

La direction de la tige est généralement verticale ; quelquefois elle peut être oblique, ou horizontale et couchée à la surface du sol. C'est dans ce dernier cas qu'on dit qu'elle est *rampante* (fig. 8), et quand elle s'attache au sol par des

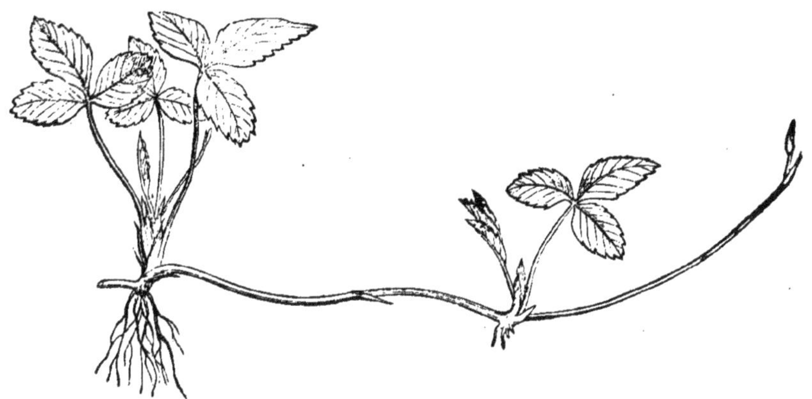

8. FRAISIER. — Tige rampante.

fibres radicales naissant de tous les points de sa surface qui touchent à la terre; elle est *traçante* quand elle donne naissance à des rameaux ou rejets grêles, nommés *coulants* ou *stolons*, qui s'enracinent de distance en distance; exemples : le *fraisier*, la *potentille traçante.*

D'après sa vestiture et ses appendices la tige est :

1° *Feuillée* ou portant des feuilles : telles sont la plupart des tiges. D'une autre part, on dit d'une tige qu'elle est *feuillue* quand elle est couverte d'un nombre considérable de feuilles ;

2° *Aphylle* ou sans feuilles; exemple la *cuscute;*

3° *Écailleuse* ou portant des feuilles en forme d'écailles : telles sont les *orobanches;*

4° *Ailée*, c'est-à-dire garnie longitudinalement d'appendices membraneux ou foliacés venant le plus souvent des feuilles; par exemple, la *grande consoude*, le *bouillon-blanc*.

En considérant la superficie de la tige, on la trouve :

1° *Unie* quand la surface n'a aucune aspérité, comme la *capucine*, le *muguet*;

2° *Glabre* ou dépourvue de poils, comme la *pervenche*;

3° *Pulvérulente*, si elle est couverte d'une sorte de poussière provenant du végétal;

4° *Glauque* quand cette poussière forme une couche extrêmement mince qu'on enlève facilement et qui est couleur vert de mer; exemple le *magnolia*. C'est cette poussière que l'on désigne vulgairement sous le nom de *fleur* dans certains fruits, comme les *prunes*, les *raisins*, etc.;

5° *Ponctuée*, offrant des points plus ou moins saillants, comme dans la *rue*: ces points sont ordinairement de petites glandes vésiculeuses remplies d'essence;

6° *Maculée* ou couverte de taches; exemple la *ciguë*;

7° *Rude*, couverte de poils très-courts, comme dans l'*herbe aux perles*;

8° *Verruqueuse* lorsqu'elle offre de petites excroissances appelées galles ou verrues, comme la tige du *fusain galleux*;

9° *Subéreuse* quand l'écorce est de la nature du liége, comme dans le *liége proprement dit* (*quercus suber*);

10° Et *striée*, offrant de petites lignes longitudinales et saillantes nommées stries, comme l'*oseille*.

Suivant la nature et la disposition des poils qui recouvrent parfois sa surface la tige est appelée *poilue*, *velue*, *laineuse*, *cotonneuse* ou *soyeuse*.

Après l'explication des différents noms des tiges principales, nous devons parler de la différence qui existe entre les végétaux auxquels on a donné les quatre dénominations d'*arbres*, d'*arbrisseaux*, de *sous-arbrisseaux* et d'*arbustes*.

Les *arbres* sont vivaces, ont un tronc simple et nu à la partie inférieure, et seulement ramifié à la partie supérieure, comme l'*orme*, le *poirier*, le *chêne*, le *tilleul*.

Les *arbrisseaux* sont vivaces aussi dans toutes leurs parties, mais plus faibles que les arbres; en outre leur tronc se ramifie très-près de la base, comme le *néflier*, le *sureau*, le *lilas*, l'*épine blanche*.

Les *sous-arbrisseaux*, qui sont ramifiés dès la base comme les arbrisseaux, ont comme eux leurs tiges vivaces; mais leurs rameaux périssent et se renouvellent tous les ans: tels sont le *thym*, la *sauge*, la *douce-amère*.

Les *arbustes*, qui, malgré leur petitesse, sont durs et vivaces comme les arbres, diffèrent des sous-abrisseaux en ce qu'ils ne renouvellent pas leurs rameaux tous les ans: ce sont les *bruyères*, les *daphnés*, etc., etc.

Il est une remarque à faire pour faciliter la distinction de ces quatre sortes de végétaux :

A l'époque où la végétation est en quelque sorte suspendue, en automne, les *arbres* et les *arbrisseaux* émettent, dans les aisselles de leurs feuilles, des bourgeons qui se développent au printemps; tandis que les *sous-arbrisseaux* et les *arbustes* attendent le renouvellement de la séve, c'est-à-dire les approches du printemps, pour produire et montrer leurs bourgeons.

Il nous reste à examiner la tige sous le rapport de sa ramification.

RAMIFICATION DE LA TIGE.

Sous le rapport de la ramification, les tiges se divisent en *branches*, les branches en *rameaux*, les rameaux en *ramilles*. Toutes ces divisions et subdivisions, à la grosseur près, ont la plus grande ressemblance avec la tige principale qui les a formées.

En général, à leur naissance, le plus grand nombre des tiges s'élèvent perpendiculairement; à mesure que la plante se développe, les diverses parties, branches, rameaux et ramilles, s'étendent et prennent d'autres directions; ce qui a fait donner aux tiges différentes dénominations.

Ainsi la tige est dite :

1° *Tige simple* quand elle ne comporte ni branches, ni rameaux, ni ramilles, comme le *lis*, la *couronne impériale* et la *digitale;*

2° *Tige rameuse* si elle est divisée en branches, rameaux et ramilles, comme le *lilas*, le *jasmin*, le *laurier;*

3° *Fourchue* lorsqu'elle se divise en deux branches, et dans ce cas on dit qu'elle est :

4° *Bifurquée* quand la branche fourchue se divise elle-même en deux rameaux; exemple la *mâche* ou *doucette;*

5° *Dichotome, trichotome*, *tétrachotome*, *pentachotome*, ou simplement *polychotome*, lorsque le rameau se subdivise une ou plusieurs fois en deux, trois, quatre ou un plus grand nombre de rameaux ou ramilles.

POSITION DES RAMEAUX.

On a donné aux rameaux différentes dénominations, d'après leurs diverses positions sur la tige; ainsi l'on dit que les rameaux sont :

1° *Opposés* lorsqu'ils sortent régulièrement de la tige, et que ceux de dessus sont disposés en croix relativement à ceux de dessous, comme dans le *marronnier d'Inde;*

2° *Alternes* lorsqu'ils sortent régulièrement et à des distances à peu près égales de deux points non opposés de la tige, comme dans le *tilleul;*

3° *Distingués* lorsqu'ils sont rangés régulièrement en deux séries tout à fait opposées, comme dans l'*orme;*

4° *Divergents* lorsqu'ils partent d'un point commun et s'écartent plus ou moins de la tige principale qui leur a donné naissance, en formant avec elle un angle plus ou moins ouvert, comme dans le *saule commun ;*

5° *Épais* ou *touffus* lorsqu'ils sortent irrégulièrement de la tige, sans ordre et sans observation de distance, comme dans le *pommier ;*

6° *Pendants* lorsqu'ils sont penchés vers la terre, en abandonnant la direction de la tige, comme dans le *saule pleureur ;*

7° *Verticillés* lorsqu'ils sont rangés en forme d'anneau autour de la tige, comme dans le *mélèze.*

DES BOURGEONS.

Ce sont les *bourgeons* qui, en se développant au printemps, donnent naissance aux branches, aux rameaux et aux ramilles.

Sous le nom de *bourgeons* nous comprenons :

1° Le bourgeon proprement dit ; 2° le turion ; 3° la bulbe ; 4° les bulbilles.

Les *bourgeons proprement dits* sont presque toujours formés d'écailles étroitement imbriquées[1] les unes dans les autres, et renferment dans leur intérieur les rudiments ou principes des tiges, des branches, des feuilles et des organes de la fructification. Ils se développent toujours sur les branches, dans l'aisselle des feuilles ou à l'extrémité des rameaux.

En général, il n'y a qu'un seul bourgeon à l'aisselle d'une feuille.

Ce bourgeon, qui ne forme d'abord qu'une petite saillie, appelée bouton dans les arbres, formera plus tard un rameau, qui s'allongera, produira des feuilles, puis enfin de nouveaux boutons.

Les bourgeons sont divisés en *nus* et *écailleux.*

Les premiers sont ceux qui n'offrent point d'écailles à l'extérieur, c'est-à-dire que toutes les parties qui les composent poussent et se développent sous la forme de feuilles : tels sont

[1] Superposées à la manière des tuiles.

ceux de la plupart des plantes herbacées et de quelques arbustes, comme le *bois-gentil* par exemple.

On appelle bourgeons *écailleux* ceux dont la partie externe est formée d'écailles qui ne prennent pas d'accroissement par le développement du bourgeon, et qui finissent par tomber et disparaître, comme dans les arbres de nos climats.

Les bourgeons des arbres se présentent d'abord en automne sous la forme d'un œil ou point imperceptible qui, en se développant, prend le nom de *bouton.* Il reste dans cet état pendant tout l'hiver; au printemps le bouton se dilate, se gonfle, et devient un bourgeon, lequel, continuant à se développer, devient une branche, un rameau ou une ramille.

Il y a trois sortes de bourgeons :

1° Le bourgeon à feuilles ou *foliifère*, qui ne produit que des feuilles; il est oblong et un peu aigu : tel est celui qui termine la tige du *bois-gentil;*

2° Le bourgeon à fleurs ou *florifère*, qui renferme une ou plusieurs fleurs; il est en général assez gros, ovoïde et arrondi, comme dans les *cerisiers*, les *poiriers*, les *pommiers;*

3° Et le bourgeon *mixte* ou *double*, qui contient à la fois des fleurs et des feuilles, comme dans le *lilas.*

Les cultivateurs ne se trompent jamais sur la nature d'un bourgeon, qu'ils reconnaissent en général, dans les arbres fruitiers, d'après sa forme. Ainsi, celui qui porte des fleurs est conique, gonflé; le bourgeon à feuilles est effilé, allongé, pointu; le bourgeon mixte tient de la forme des deux précédents : il n'est ni entièrement rond ni entièrement aigu.

Turion. On donne le nom de *turion* au bourgeon souterrain des plantes vivaces; c'est lui qui, en se développant, produit chaque année les nouvelles tiges; ainsi la partie de l'asperge que l'on sert au printemps sur nos tables est le *turion.*

La différence qui existe entre le *bourgeon* proprement dit et le *turion* consiste en ce que la naissance de ce dernier est toujours souterraine, tandis que l'autre naît constamment sur une partie exposée à l'air et à la lumière.

Les turions peuvent sortir aussi de racines ligneuses;

c'est ce que l'on voit dans tous les arbres à souches traçantes, l'*acacia*, par exemple.

Du BULBE. Le *bulbe* est une espèce de bourgeon qui, en se développant, reproduit une plante semblable à celle qui lui a donné naissance. Il est composé de trois parties, savoir : le *plateau*, la *racine* et les *écailles* ou feuilles rudimentaires.

Le plateau, qui est une véritable tige, porte les écailles sur sa face supérieure et donne naissance inférieurement aux fibres radicales.

Comme on le voit, le bulbe présente une plante rudimentaire, mais complète, ayant sa tige, sa racine, ses feuilles.

On distingue trois espèces de bulbes, suivant la forme et la disposition des écailles :

Le bulbe *à tunique*,

Le bulbe *écailleux*,

Et le bulbe *solide*.

Le bulbe *à tunique* est celui dont les écailles sont d'une seule pièce et s'emboîtent les unes dans les autres, ayant un centre commun, comme dans l'*oignon ordinaire* et la *jacinthe*.

Dans le bulbe *écailleux*, les écailles, plus petites et plus nombreuses, se recouvrent en s'*imbriquant*, c'est-à-dire à la manière des tuiles d'un toit : tel est le bulbe du *lis*.

Le bulbe *solide* est celui dont le plateau se développe considérablement, de manière à former presque toute la masse du bulbe, et dont les écailles sont, au contraire, minces et membraneuses, comme dans le *safran* et le *colchique* d'automne.

Le bulbe peut être simple ou composé :

Simple lorsqu'il est formé d'un seul corps, comme celui du *lis*, de la *tulipe* ;

Composé lorsqu'il est formé de plusieurs petits bulbes réunis, auxquels on a donné le nom de *caïeux*, comme dans l'*ail* ordinaire.

Les bulbes se régénèrent chaque année ; tantôt ils prennent naissance au centre des anciens bulbes, tantôt ils se forment sur leurs parties latérales.

Lorsqu'un bulbe est placé dans des conditions favorables à

son développement, on voit les écailles extérieures s'écarter peu à peu, puis se flétrir et se dessécher, tandis que la jeune tige qu'il renferme s'élève en se couvrant de feuilles, et plus tard de fleurs et de fruits.

Quelques plantes jouissent de la faculté de produire, soit à l'aisselle de leurs feuilles, soit à la place de leurs fleurs, de petits corps arrondis et écailleux qui ont la propriété de se détacher de la plante mère et de donner naissance à une autre plante identique à celle qui les a produits. Ces petits corps, qui ne sont autre chose que des bourgeons mobiles, ont reçu le nom de *bulbilles*.

On les observe dans le *lis bulbifié*, où ils naissent à l'aisselle des feuilles, et dans plusieurs espèces d'ails où ils remplacent des fleurs.

Les *tubercules*, qu'il ne faut pas confondre avec les renflements tuberculeux que présentent certaines racines, sont de véritables souches ou tiges souterraines chargées de matières féculentes, et portant sur différents points de leur surface des bourgeons susceptibles de se développer, et de produire de nouvelles plantes semblables à celles qui leur ont donné naissance. Comme exemples de tubercules nous citerons la *pomme de terre* ou *parmentière*, le *topinambour*, les *orchis*.

DES VAISSEAUX.

En parlant sommairement du *tissu vasculaire*, nous avons dit que nous reviendrions sur les divers *vaisseaux* qui apportent à la plante les aliments et l'air nécessaires à son existence; c'est ce que nous allons faire.

On peut diviser ces vaisseaux en trois classes, qui, d'après leurs diverses fonctions, ont reçu les noms différents de *vaisseaux séveux*, *vaisseaux propres* et *vaisseaux-trachées*.

VAISSEAUX SÉVEUX. Les vaisseaux *séveux* ou *lymphatiques* sont ceux qui donnent passage aux sucs nourriciers, c'est-à-dire à ce liquide transparent, limpide, fade et aqueux, qu'on appelle *séve* ou *lymphe*, et qui consiste dans le suc absorbé par les racines des plantes, et, comme nous le verrons plus tard, par les pores des feuilles.

Cette séve est destinée à être élaborée dans l'intérieur des tiges et transformée en tout ou en partie en matière nutritive. Elle est très-peu visible dans quelques plantes, mais elle abonde dans beaucoup d'autres, telles que l'*érable*, le *bouleau*, le *noyer*, le *charme*. On dit habituellement que la vigne *pleure*, pour exprimer l'abondance et le débordement de la séve dans ce végétal.

En parlant de la marche de la séve, nous indiquerons tout à l'heure la place des vaisseaux séveux.

VAISSEAUX PROPRES. Les vaisseaux *propres* (fig. 9) sont ceux qui font circuler les sucs particuliers au caractère de chaque plante, sucs différents qui proviennent de leurs écorces différentes, et qui, par suite, leur donnent à toutes une vertu particulière.

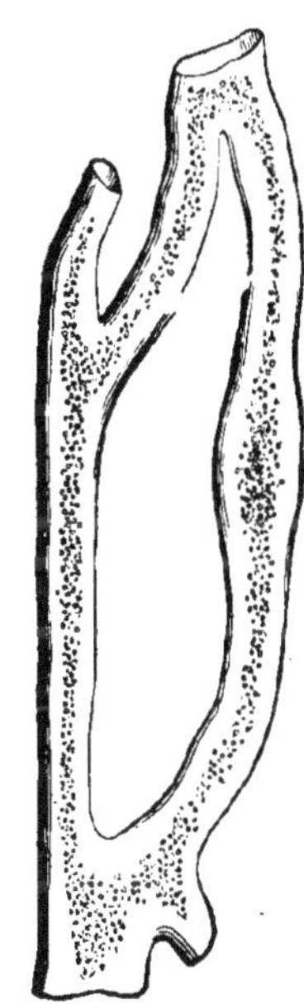
9. CHÉLIDOINE.
Vaisseaux lactifères.

C'est ainsi que, d'après leurs propriétés, ces sucs ont été appelés :

1° Sucs *gommeux* dans l'abricotier ;
2° Sucs *térébenthineux* dans le pistachier ;
3° Sucs *résineux* dans le pin ;
4° Sucs *balsamiques* dans le sapin ;
5° Sucs *visqueux* dans le picéa ;
6° Sucs *camphreux* dans le lamier des Indes ;
7° Sucs *oléagineux* dans la navette ;
8° Sucs *laiteux* dans le figuier ;
9° Sucs *sucrés* dans la betterave ;
10° Sucs *acides* dans le citron ;
11° Sucs *amers* dans la chicorée ;
12° Sucs *corrosifs* dans l'euphorbe ;
13° Sucs *adoucissants* dans la jujube ;
14° Sucs *purgatifs* dans le jalap ;
15° Sucs *apéritifs* dans la fumeterre ;
16° Sucs *colorants* dans la garance.

Les différents sucs, d'ailleurs, se trouvent à différentes places dans les arbres, tels que la *résine de pin*, qui séjourne dans des vésicules sous l'épiderme; la *sandaraque* ou *gomme de genièvre*, qui circule entre l'écorce et le bois; la *poix du picéa*, qui suinte sur le bois, et la *térébenthine du pistachier*, qui s'amasse dans le corps même du bois.

PISTACHIER.

VAISSEAUX-TRACHÉES. Les *vaisseaux-trachées* (fig. 10) sont

destinés à la respiration et à la transpiration des végétaux, c'est-à-dire à la circulation de l'air qui s'est introduit dans la

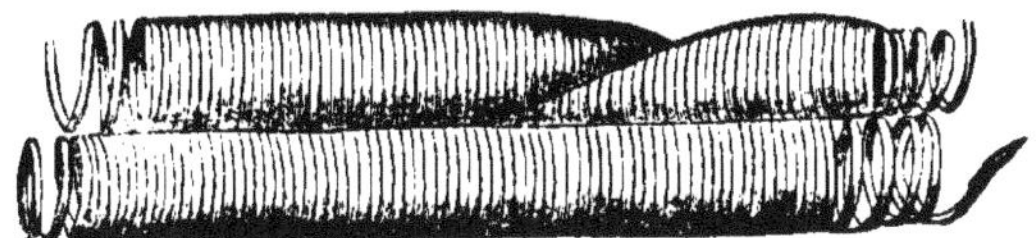

10. MELON. Vaisseau spiral ou trachée.

plante avec la séve, par les racines, par l'écorce des tiges, ou bien par les pores des feuilles, ce que nous expliquerons plus tard quand nous aurons fait connaissance avec la structure de ces dernières.

CHAPITRE III.

DE LA FEUILLE.

Les feuilles sont des organes appendiculaires qui naissent sur la tige, sur les rameaux, sur les ramilles, et qui, quelquefois, partent immédiatement du collet de la racine.

Elles sont ordinairement en lames minces, molles, membraneuses, poreuses et de couleur verte.

Destinées à protéger les nouveaux bourgeons, les fleurs et les fruits contre les fortes pluies ou les trop grandes chaleurs du jour, elles sont d'une incontestable utilité; car, si on les enlevait avant l'entière maturité de la plante, les fleurs se faneraient bientôt, et par suite les fruits perdraient leur saveur.

Elles sont encore, avec les racines, les principaux organes par lesquels le végétal absorbe la substance nutritive, ce qui leur a fait donner le nom de *racines aériennes.*

Elles renferment, comme les tiges, de petits vaisseaux en spirale, ou trachées, qui sont de véritables poumons destinés à pomper l'air, les vapeurs de l'atmosphère, et à les faire circuler dans la plante. C'est par elles que s'accomplit la respiration des végétaux et en même temps leur transpiration et leur exhalation; car c'est par leur entremise que la séve se débarrasse des principes aqueux qu'elle contient.

STRUCTURE GÉNÉRALE DES FEUILLES.

Les feuilles sont généralement composées de deux parties : un support, ou *pétiole,* et une lame, ou *limbe,* qui est la partie plane et *foliacée,* la *feuille* proprement dite.

On distingue dans la feuille : *deux faces,* l'une *supérieure,* l'autre *inférieure;* une *base,* ou point par lequel elle est attachée; un *sommet,* opposé à sa base; un *contour* ou *bord.*

Les feuilles sont formées par l'épanouissement d'un ou de plusieurs faisceaux vasculaires provenant de la tige. En se divisant et se joignant entre eux, ces vaisseaux, appelés *nervures*, constituent une espèce de réseau qui représente en quelque sorte le squelette de la feuille, et dont les mailles sont remplies par un tissu cellulaire plus ou moins abondant.

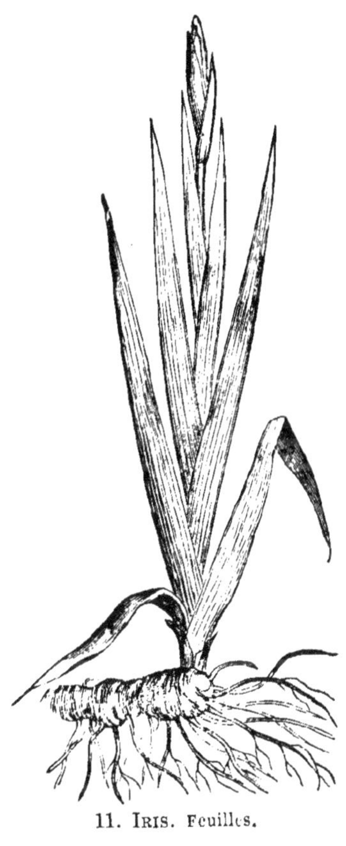

11. IRIS. Feuilles.

Parmi ces nervures, il en est une plus grosse et plus saillante qui semble être la continuation immédiate du pétiole, et qui partage le limbe en deux parties plus ou moins égales : c'est la nervure *médiane*, d'où partent ordinairement les nervures secondaires, qui elles-mêmes se subdivisent et se ramifient souvent presqu'à l'infini. Ces dernières ramifications peu saillantes des nervures ont reçu le nom de *veines* ou *veinules.*

Les nervures sont dites : *parallèles* lorsqu'elles marchent, le long du limbe de la feuille, à égale distance les unes des autres et sans se ramifier (*muguet*, *iris*, fig. 11); *rameuses* quand elles se subdivisent dans le limbe et s'envoient des branches de communication (*melon*, fig. 12). Les nervures rameuses sont dites : *pennees*, quand des deux côtés de la nervure médiane partent des ervures latérales disposées comme les barbes d'une plume (*cerisier*, fig. 13) ; *palmées* quand la base du limbe émet plusieurs nervures primaires, divergentes et disposées comme les doigts de la main (fig. 12). Les nervures

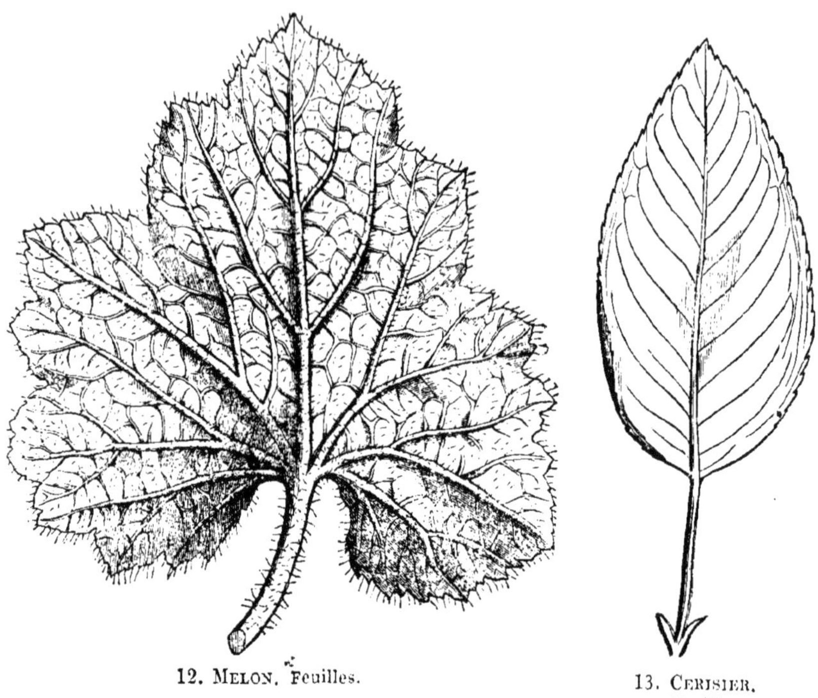

12. Melon. Feuilles.

13. Cerisier. Feuille.

primaires sont seules *palmées;* les secondaires, tertiaires, etc., suivent la direction *pennée*.

PARENCHYME ET ÉPIDERME.

Le *parenchyme* est la matière molle qui remplit les interstices ou les mailles du réseau formé par les nervures ; il est communément vert, et c'est lui qui donne aux feuilles leur coloration la plus habituelle. Il est composé de plusieurs couches d'utricules ou vessies extrêmement exiguës, qui renferment la *chlorophylle* ou matière colorante en petits granules verts.

L'*épiderme* est la pellicule ou petite peau qui recouvre les faces de la feuille.

Les deux faces de la feuille ont chacune des fonctions différentes, savoir : la *face inférieure*, celle qui regarde la terre, est destinée à seconder les racines en absorbant par des pores nombreux, appelés *stomates* (fig. 14), les vapeurs nutritives de l'atmosphère. Elle est ordinairement terne et couverte d'aspérités et de petites côtes en relief, de nervures.

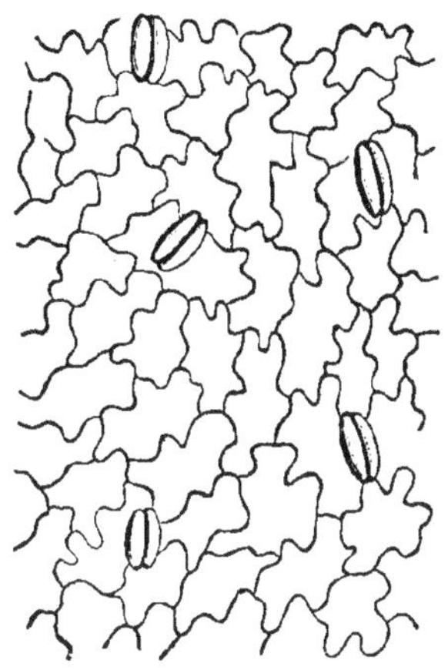
14. BALSAMINE. Épiderme et Stomates.

La *face supérieure*, c'est-à-dire celle qui regarde le ciel, absorbe l'air nécessaire à la plante, et exhale, par de petites ouvertures appelées *pores de respiration*, les liqueurs sécrétées. Elle remplit par conséquent des fonctions tout à fait différentes; elle est aussi plus lisse, plus ferme, plus brillante que la face inférieure.

STRUCTURE PARTICULIÈRE DES FEUILLES.

Pour connaître la structure particulière des feuilles, nous avons à les considérer sous les divers rapports de leur succession, de leur durée, de leur consistance, de leur insertion et de leur forme.

SUCCESSION DES FEUILLES. Sous le rapport de leur succession, c'est-à-dire de l'époque à laquelle elles apparaissent et se succèdent pendant toute l'existence de la même plante, les feuilles sont divisées en trois classes :

1° Les feuilles *séminales*, qui sortent de la graine même au moment de la floraison;

2° Les feuilles *primordiales*, qui suivent les séminales et ont beaucoup de rapport avec elles

3° Enfin les feuilles *caractéristiques*, qui suivent les primordiales, et restent les mêmes jusqu'à la mort de la plante.

DURÉE DES FEUILLES. Dans nos climats, il arrive chaque année une époque où la plupart des végétaux se dépouillent de leurs feuilles. C'est ordinairement à la fin de l'été ou au commencement de l'automne que les arbres perdent leur feuillage.

Ce phénomène, appelé *défoliation*, n'a pas lieu à la même époque pour toutes les plantes. On remarque en général que les arbres dont les feuilles se développent de bonne heure sont aussi ceux qui les perdent les premiers; c'est ce qui arrive pour le *tilleul*, pour le *marronnier d'Inde*. Le *sureau* fait exception à cette règle; ses feuilles paraissent dès les premiers jours du printemps et ne tombent que très-tard. Pour le *frêne* ordinaire, c'est tout le contraire; ses feuilles se montrent très-tard et tombent vers la fin de l'été.

Les feuilles pétiolées se détachent de la tige plus tôt que les feuilles sessiles, et à plus forte raison plus tôt que celles qui sont *amplexicaules*, c'est-à-dire qui s'épanouissent autour de la tige, qu'elles embrassent.

Il est des arbres et des arbrisseaux qui restent en tout temps ornés de feuillage : ce sont les espèces résineuses, comme le *pin* et le *sapin*, que l'on appelle pour cette raison du nom spécial de *toujours verts*.

Quoique la chute des feuilles ait généralement lieu aux approches de l'hiver, on ne doit cependant pas regarder le froid comme la principale cause de la défoliation; elle doit être bien plutôt et plus naturellement attribuée à la cessation de la végétation, au manque de nourriture que les feuilles éprouvent à cette époque où, le travail de la reproduction étant terminé, le cours de la séve est interrompu. Alors les vaisseaux de la feuille se dessèchent, et bientôt cet organe se détache du rameau sur lequel il s'était développé.

Sous le rapport de leur durée les feuilles sont divisées en plusieurs classes :

1° Les feuilles *annuelles*, qui meurent tous les ans, bien

qu'elles appartiennent à des tiges *vivaces :* telle est la plus grande partie des feuilles des *arbres*. Les feuilles des plantes annuelles qui cessent d'exister à la mort de leurs tiges sont nécessairement des *feuilles annuelles;*

2° Les feuilles *vivaces*, qui ne meurent qu'avec la tige; par exemple l'*oseille*, l'*asperge*, etc.;

3° Les feuilles *caduques*, qui tombent d'elles-mêmes peu de temps après leur apparition, comme celles de beaucoup de *cactus;*

4° Les feuilles *marcescentes*, qui se dessèchent sur la plante avant de tomber, comme celles du *chêne;*

5° Et les feuilles *persistantes*, qui passent les hivers, et qui ne meurent et tombent qu'après que les nouvelles feuilles sont sorties de leurs bourgeons, comme le *pin*, le *mélèze*, le *cyprès*. Ce sont les arbres *toujours verts*.

CONSISTANCE DES FEUILLES. La consistance ou manière d'être des feuilles comprend : 1° la *substance* qui les compose; 2° leur surface; 3° leurs *couleurs*.

SUBSTANCE DES FEUILLES.

Les feuilles sont dites :

1° *Membraneuses* quand elles sont minces, sèches et transparentes, comme dans l'*aristoloche;*

2° *Scarieuses* quand elles sont encore plus sèches et plus arides, comme dans les *mousses;*

3° *Épaisses* si elles sont fermes et dures : l'*aloès;*

4° *Fistuleuses* quand elles sont creuses, comme dans l'*ail;*

5° *Pulpeuses* lorsqu'elles sont charnues et remplies de suc, comme celles de la *joubarbe des toits*.

SURFACE DES FEUILLES.

Elles sont :

1° *Luisantes*, lustrées, comme dans le *houx*, le *laurier-cerise* et le *camélia;*

2° *Unies* si elles n'offrent aucune aspérité : le *nymphæa;*

3° *Glabres* ou chauves : la *petite centaurée;*

4° *Pertuses* ou percées de trous très-sensibles : le *dracontium;*

5° *Cancellées* quand le *parenchyme* n'existe pas, c'est-à-dire quand elles sont formées par les ramifications des nervures, de manière à représenter une sorte de treillage, comme la feuille de l'*hydrogeton fenestralis;*

6° *Glutineuses,* offrant au toucher une viscosité plus ou moins grande;

7° *Scabres,* rudes au toucher, comme les feuilles de l'orme. On les dit encore *poilues, velues, soyeuses, cotonneuses, laineuses, pulvérulentes, cuisantes, aiguillonnées,* etc., etc., selon l'impression qu'elles font éprouver à la main qui les touche.

COULEUR DES FEUILLES.

Le vert, qui est la couleur générale des feuilles, présente, suivant les différentes plantes, des nuances plus ou moins prononcées, tendres ou dures, claires ou foncées; vert d'herbe et un peu violet dans les plantes marines; vert glauque ou vert de mer, avec une légère couche de matière résineuse, dans la *capucine.*

Mais quelquefois le vert n'y est pas la couleur dominante; alors les feuilles sont :

1° *Colorées* quand une autre couleur que le vert y domine, telle que le rouge éclatant qu'on remarque dans l'*amarante* ordinaire, le rouge jaune dans l'*amarante tricolore,* et le rouge purpurin dans quelques plantes de la famille des *floridées;*

2° *Discolores* quand les deux faces ne sont pas de la même couleur, par exemple celle de la *cymbalaire,* dont la surface supérieure est verte et la surface inférieure pourprée;

3° *Tachetées* si elles offrent des taches d'une couleur différente de la feuille; exemple l'*arum;*

4° *Incanes*, celles qui sont d'un blanc pur.

Il y a enfin des *nuances* qui annoncent les qualités nuisibles de certains végétaux ; quelques plantes vénéneuses, par exemple, telles que la *ciguë*, la *jusquiame*, la *belladone*, ont des feuilles sombres et une odeur repoussante qui pourront éloigner d'elles la main imprudente et inexpérimentée qui voudrait les cueillir.

INSERTION ET FORME DES FEUILLES.

La manière dont les feuilles sont attachées à la tige se nomme *insertion*.

La feuille est dite *pétiolée* quand elle porte sur un pétiole (fig. 13).

Quand son limbe adhère immédiatement à la tige on la nomme *sessile*, c'est-à-dire *assise* (fig. 15).

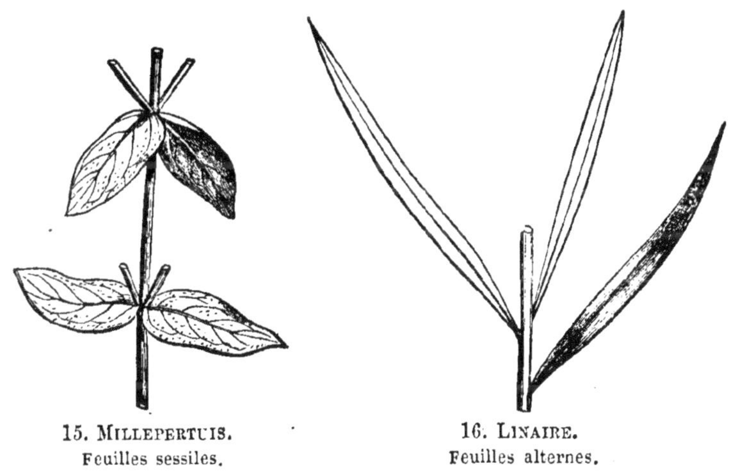

15. MILLEPERTUIS. Feuilles sessiles.

16. LINAIRE. Feuilles alternes.

Les feuilles ne naissent pas au hasard et sans ordre sur une tige ; tantôt elles sont situées deux à deux sur le même plan et vis-à-vis l'une de l'autre : on les nomme alors *opposées* (fig. 15) ; tantôt elles sont solitaires sur un plan horizontal, et on les dit *alternes* (fig. 16) ; tantôt enfin elles sont groupées circulairement autour de la tige comme une couronne, et on les appelle *verticillées* (fig. 17). Elles sont *distiques* lorsqu'elles naissent de nœuds alternes, placés sur deux rangs, à droite et à gauche (fig. 18); *fasciculées* lorsque, naissant solitaires sur des rameaux fort raccourcis, elles sont assez rapprochées pour représenter un faisceau (fig. 19); *imbriquées* quand elles se recouvrent les unes les autres comme les briques d'un toit (cyprès thuia).

17. GARANCE.
Feuilles verticillées.

On appelle *feuilles radicales* celles qui semblent naître immédiatement du collet de la racine (fig. 6); *caulinaires* celles qui naissent sur la tige et sur les rameaux (rosier); *embrassantes* celles dont le pétiole ou le limbe entoure la tige (renoncule); *confluentes* celles qui, étant opposées, se joignent par leur base.

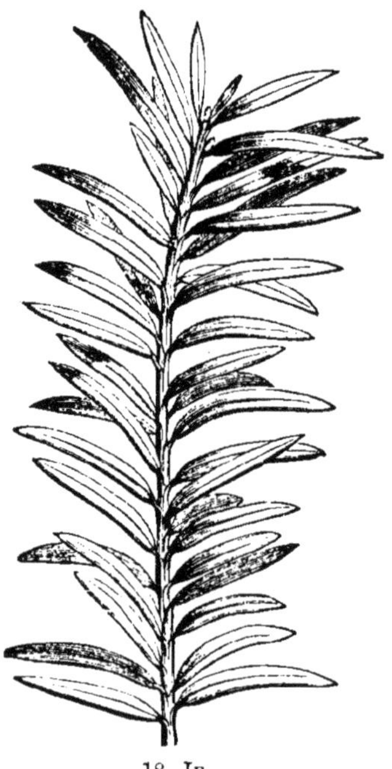

18. IF.
Feuilles distiques.

Les fleurs sont dites :

Stipulées quand leur limbe ou leur pétiole est garni d'appendices analogues à des feuilles (fig. 20); *orbiculaires* quand leur limbe représente un disque circulaire (fig. 21); *ovales* quand il présente la coupe longitudinale d'un œuf, et que sa plus grande largeur est à sa base (fig. 22); *spatulées* quand ce limbe est rétréci à la base, large et arrondi au

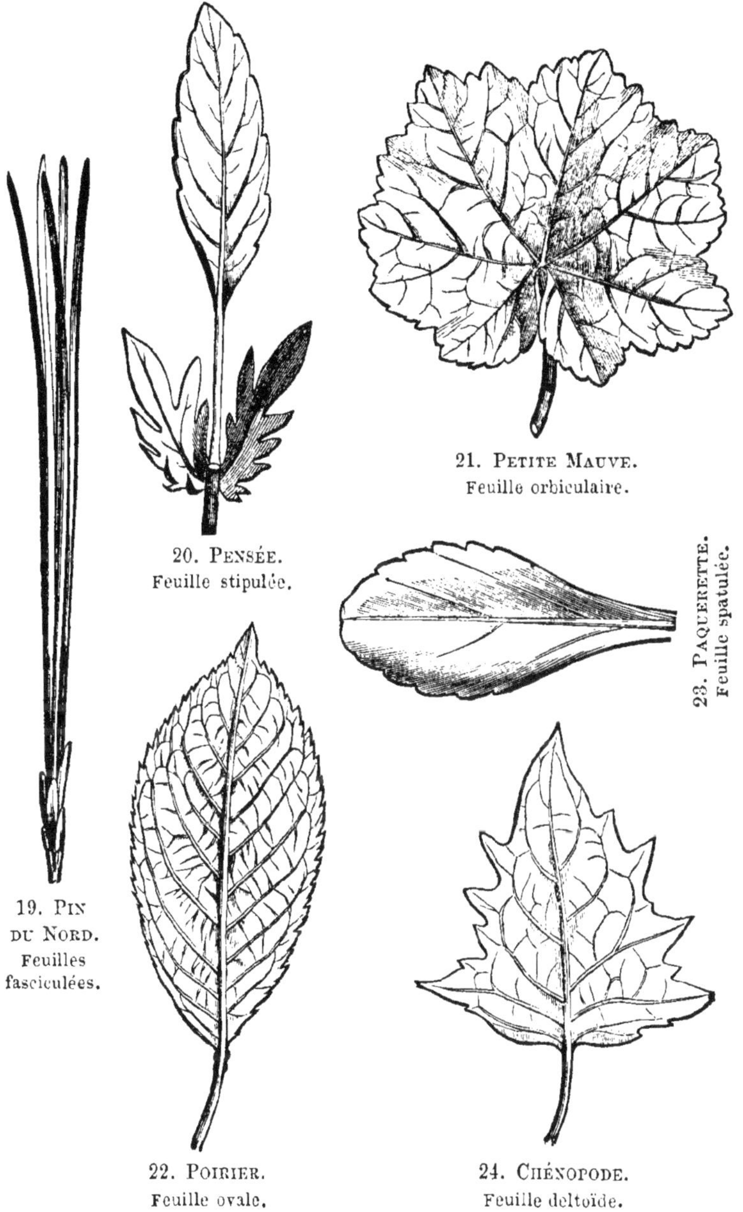

19. Pin du Nord. Feuilles fasciculées.

20. Pensée. Feuille stipulée.

21. Petite Mauve. Feuille orbiculaire.

22. Poirier. Feuille ovale.

23. Paquerette. Feuille spatulée.

24. Chénopode. Feuille deltoïde.

sommet comme une spatule (fig. 23); *deltoïdes* quand elles

figurent un triangle (fig. 24); *lancéolées* quand leur limbe

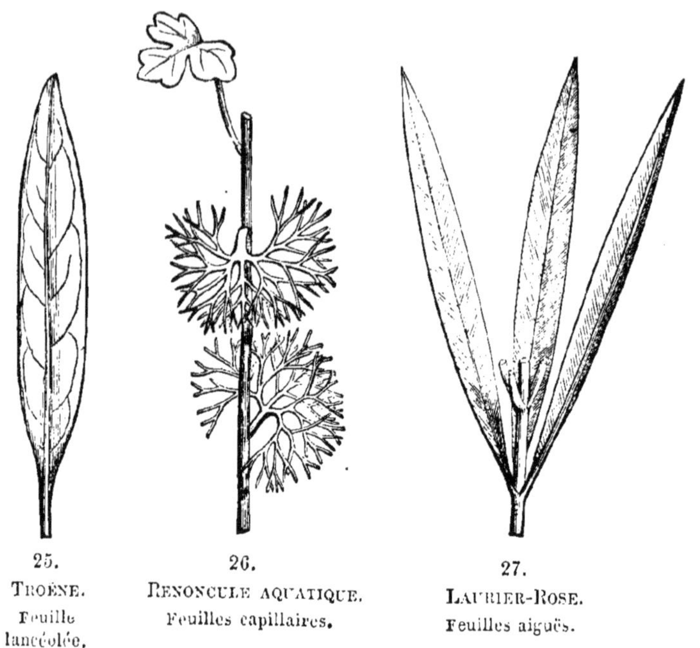

25. TROÈNE. Feuille lancéolée.

26. RENONCULE AQUATIQUE. Feuilles capillaires.

27. LAURIER-ROSE. Feuilles aiguës.

va se rétrécissant vers les deux extrémités, à l'instar d'un fer de lance (fig. 25); *capillaires* quand elles sont fines et flexibles comme des cheveux (fig. 26); *aiguës* quand leur sommet s'amincit insensiblement pour se tourner en pointe (fig. 27).

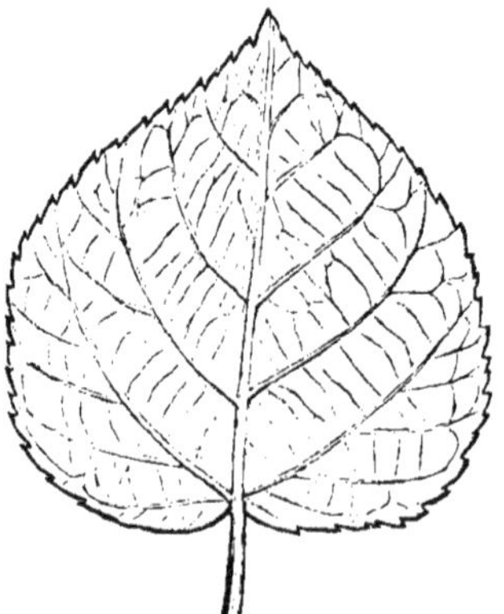

28. TILLEUL. Feuille cordiforme.

Les feuilles sont : *cordiformes* quand leur base est échancrée en deux lobes arrondis et que leur sommet est aigu, de manière à figurer un as de cœur (fig. 28); *réniformes* quand, leur base étant échancrée, le sommet l'est aussi de manière à figurer un rein (fig. 29); *sagittées* quand elles ont la forme d'un fer de flèche (fig. 30); *hastées*, quand elles figurent une

29. Lierre terrestre.
Feuille réniforme.

30. Liseron.
Feuille sagittée.

hallebarde; *peltées* quand le pétiole est attaché au milieu de la face inférieure du limbe qui figure un bouclier (fig. 31).

31. Capucine.
Feuille peltée.

La feuille est dite *entière* quand son limbe ne présente aucune espèce de division (fig. 27); *découpée* si le bord présente une suite de lignes brisées. La feuille *dentée* a des dentelures arrondies et finissant en pointe ; la feuille *serretée* a des dents aiguës comme celles d'une scie (fig. 32) ; les dents de la feuille *épineuse* sont suraiguës et piquantes comme des aiguilles (fig. 33).

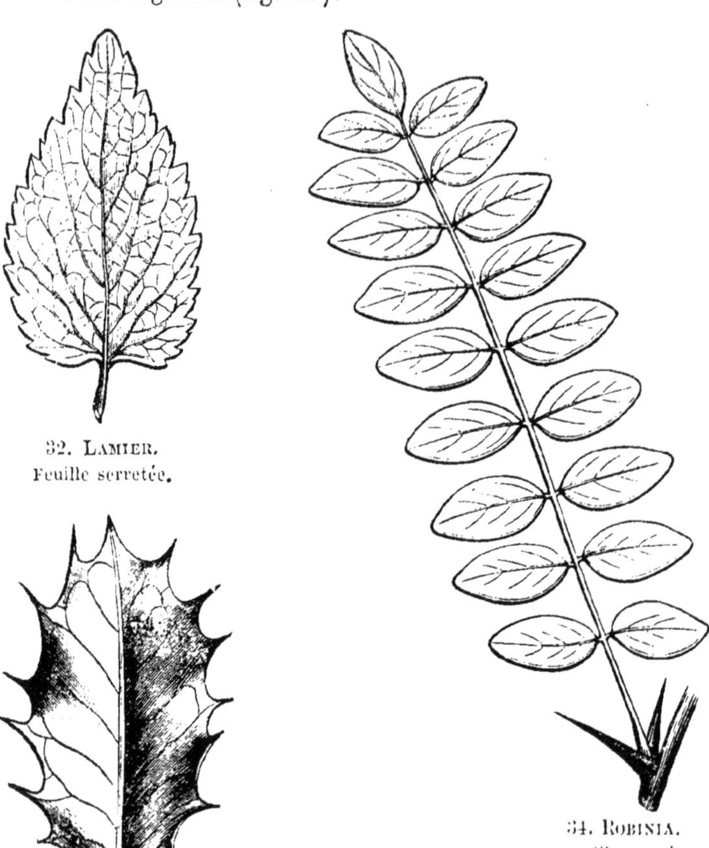

32. Lamier.
Feuille serretée.

33. Houx.
Feuille épineuse.

34. Robinia.
Feuille pennée.

La feuille est *simple* ou *composée*. On appelle feuille simple celle dont les découpures, quelque profondes qu'elles soient, ne peuvent se séparer nettement les unes des autres, et feuille composée celle dont les parties, qu'on nomme *folioles*, peuvent se diviser sans déchirement.

La feuille composée est dite *pennée* quand ses folioles sont disposées comme les barbes d'une plume (fig. 34) ; *digitée* si les folioles sont disposées comme les doigts de la main (fig. 35).

Les folioles de la feuille composée sont quelquefois réduites à leur nervure médiane, et forment des *vrilles* qui s'enroulent autour des corps voisins (fig. 36); les vrilles de la *clé-*

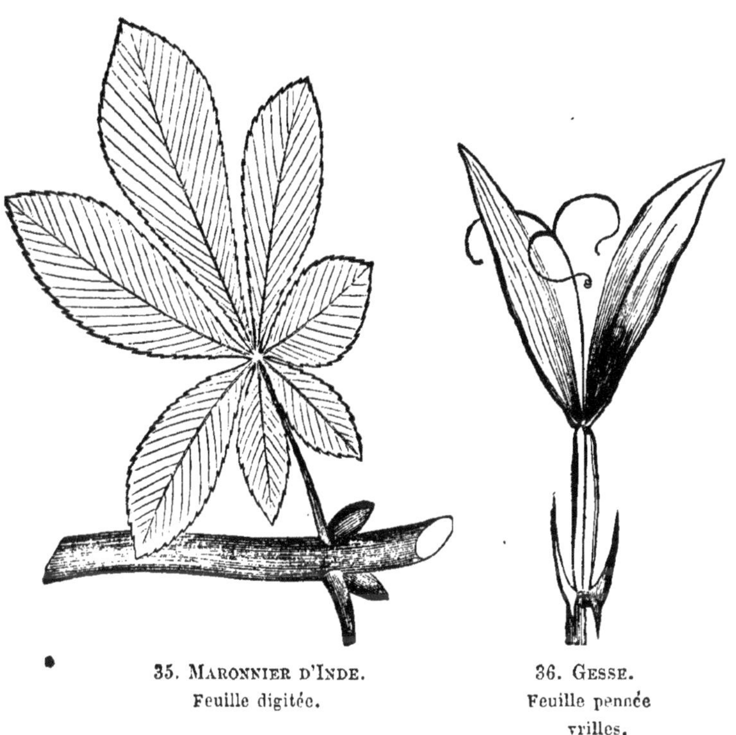

35. Maronnier d'Inde. Feuille digitée.

36. Gesse. Feuille pennée vrilles.

matite sont des pétioles contournés à leur base; celles de la *vigne*, des rameaux à fleurs restées stériles.

Quant à leur surface, les feuilles prennent aussi différents noms; elles sont *lisses*, *glabres*, *pubescentes*, *soyeuses*, *hérissées*, *ciliées*, etc.

Nous nous sommes étendu sur tous ces détails, afin de rendre plus facile à ceux qui les auront étudiés la connaissance d'une plante par la seule inspection de ses feuilles, quand il s'agira tout à l'heure d'appliquer les principes que nous venons de poser.

Il nous reste maintenant, avant de parler du phénomène de la nutrition et de la respiration chez les végétaux, à nous occuper des organes secondaires.

ORGANES SECONDAIRES DES PLANTES.

Les organes secondaires des plantes sont des parties accessoires qui complètent leurs divers caractères. Ils comprennent :

1° Les épines et les aiguillons ;
2° Les poils et les cils ;
3° Les soies et les duvets ;
4° Les vrilles et les crampons ;
5° Les glandes et les vésicules ;
6° Les spathes ;
7° Les stipules ;
8° Les bractées.

ÉPINES ET AIGUILLONS.

Les *épines* sont des piquants qui proviennent du bois même de la tige en traversant l'écorce, et qu'on ne peut enlever qu'en les coupant, comme on le voit sur l'*acacia*, le *groseillier à maquereau*, l'*aubépine*. Suivant leur position les épines sont : *caulinaires* quand elles naissent sur la tige, comme dans les *cierges ; terminales* quand elles se développent à l'extrémité des branches et des rameaux, comme dans le *prunier sauvage ; axillaires* quand elles sont situées à l'aisselle des feuilles, comme dans le *citronnier*.

Les *aiguillons* ont été regardés comme des poils endurcis ; ils proviennent de la partie la plus extérieure des végétaux, c'est-à-dire de l'écorce, dont on peut les détacher avec la plus grande facilité, comme on le remarque chez le *rosier* et chez l'*églantier*.

POILS, CILS, ETC.

Ce sont de petits tubes ou tuyaux extrêmement déliés, qui se trouvent sur toutes les parties des plantes, les uns sur leur surface, les autres à leurs extrémités, et qui servent à les débarrasser, par la transpiration, des liqueurs ou fluides qu'elles ont en trop grande abondance (fig. 37, 38, 39, 40).

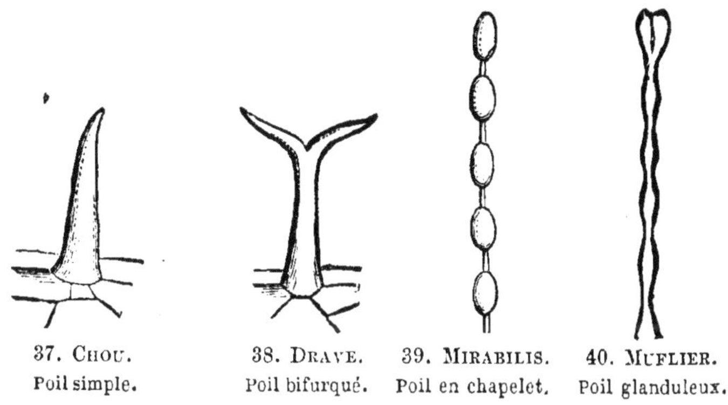

37. CHOU. Poil simple. 38. DRAVE. Poil bifurqué. 39. MIRABILIS. Poil en chapelet. 40. MUFLIER. Poil glanduleux.

Les *soies*, les *laines*, les *cotons*, les *duvets* sont des tissus soyeux, laineux, cotonneux, ou extrêmement légers, qui se trouvent également sur les tiges, les feuilles, les fleurs et les fruits.

Les vrilles et les crampons sont des espèces de petits filaments plus ou moins flexibles qui servent à supporter les plantes, comme on en voit dans la vigne, la gesse, etc. (fig. 36).

GLANDES ET VÉSICULES.

Ce sont de petits corps en forme de vessies, comme dans le *prunier* et l'*abricotier;* de lentilles, comme dans l'*aune* et le *bouleau;* d'écailles, comme dans les *fougères*. Ces organes servent à contenir le liquide qui s'échappe par les poils et les cils. Ce liquide n'est pas le même pour tous les végétaux; il est vénéneux ou cuisant dans plusieurs plantes, comme dans l'*ortie*.

SPATHES.

Les spathes sont des espèces d'enveloppes herbacées, toujours *membraneuses* et souvent *sèches* (voir ces mots que nous avons expliqués plus haut), qui entourent les fleurs de certaines plantes, comme les *iris* et les *jonquilles*, et qui se rompent au moment de l'épanouissement, pour leur livrer passage.

STIPULES.

Ce sont de petites feuilles supplémentaires, ordinairement membraneuses et produites par l'expansion du pétiole; elles tiennent par conséquent à la base de cet organe dans certaines feuilles, comme dans l'*aune*, le *jujubier*, la *ronce*, l'*aubépine* et la *garance*.

BRACTÉES.

Les *bractées* sont encore de petites feuilles, ordinairement colorées; elles accompagnent les fleurs, les séparent les unes des autres, et diffèrent entre elles par la forme et la couleur, comme dans l'*orme*, le *tilleul*, le *liseron des champs*.

CHAPITRE IV.

DE LA NUTRITION DANS LES VÉGÉTAUX.

Nous venons d'étudier tous les organes de la végétation, c'est-à-dire tous ceux qui servent au développement et à la formation du végétal ; voyons maintenant comment s'opère la nutrition, quelle part y prend chacun de ces organes, et quelles sont les conditions nécessaires pour qu'elle ait lieu.

Mais, avant d'entrer en matière, il est indispensable de dire quelques mots sur les agents de la nutrition et de la respiration des plantes.

Les *corps simples* les plus répandus dans la nature sont l'*oxygène*, l'*hydrogène* et l'*azote*, qui sont à l'état gazeux, et le *carbone*, qui est solide.

Ces différents corps combinés entre eux forment des corps appelés *composés*, qui n'ont plus les propriétés des composants. Ainsi l'oxygène et l'hydrogène, qui sont des gaz, donnent, en se combinant, naissance à l'eau ; l'oxygène et le carbone produisent un gaz particulier appelé *acide carbonique ;* l'oxygène et l'azote font de l'acide azotique ou nitrique, qui est gazeux ; l'hydrogène et l'azote forment, en se combinant, ce gaz délétère appelé *ammoniaque.*

L'air atmosphérique, enfin, est un mélange d'oxygène, d'azote, d'une très-petite quantité d'acide carbonique et de vapeur d'eau.

Sans entrer dans de plus grands détails sur les phénomènes résultant des différentes combinaisons de ces corps, détails qui sont du domaine de la chimie, nous dirons que les tissus des végétaux sont en général composés d'hydrogène, d'oxygène, de carbone et d'azote.

La plante, qui est fixée au sol, ne peut pas, comme les animaux, aller chercher au loin sa nourriture ; c'est pourquoi la nature a pourvu à ses besoins en mettant près d'elle les substances nécessaires à son existence, et l'on appelle *nutrition des plantes* la fonction par laquelle les végétaux s'assimilent une partie des substances solides, liquides ou gazeuses, qu'ils puisent dans la terre par les racines, ou dans l'atmosphère par les feuilles.

Cette fonction s'accomplit par les actes suivants :

L'*absorption*, La *transpiration*,
La *circulation*, Et la *respiration*.

ABSORPTION OU SUCCION.

C'est par les extrémités de leurs fibrilles les plus déliées, ou par les spongioles, que les racines absorbent, dans la terre, les principes nutritifs qui s'y trouvent dissous (notons ici que toutes les parties vertes des végétaux, telles que les feuilles, les jeunes branches, etc., sont également douées d'une force de succion remarquable). L'eau pure ou distillée ne saurait former la base de l'alimentation de la plante ; il faut qu'elle contienne des principes étrangers, tels que l'ammoniaque, l'acide carbonique ; des sels, tels que les sels calcaires, le nitrate de potasse ; des composés métalliques, oxyde de fer et autres corps, que la plante absorbe, retient dans son intérieur, digère et s'assimile suivant les lois de la nature.

Les feuilles sont aussi des agents importants de la succion (outre ceux de la respiration, dont nous parlerons tout à l'heure). Dans les plantes grasses, par exemple, dont les racines croissent sur les rochers ou dans les déserts des tropiques, il est évident que l'absorption se fait par les feuilles et les autres parties plongées dans l'atmosphère, la racine ne servant ici qu'à fixer la plante au sol. Il est donc vrai de dire que toute la surface aérienne de la plante, c'est-à-dire la tige, les rameaux et l'innombrable quantité des feuilles, sont des organes qui aident les racines, par l'évaporation dont ils sont le siége, en même temps qu'ils suppléent entièrement à celles-ci dans certaines circonstances, en absorbant les fluides gazeux qui les environnent.

CIRCULATION.

Les liquides que les racines ont absorbés, mêlés à ceux qui ont pénétré dans le végétal par l'action absorbante des feuilles, constituent la *séve* ou fluide nutritif du végétal.

Ce fluide, dans la période active de la végétation, est sans cesse en mouvement; il se porte vers tous les organes, soit pour s'y modifier, soit pour les nourrir. Au printemps, la séve est essentiellement aqueuse, d'une saveur douceâtre; elle contient des acides carbonique, acétique, libres ou combinés avec la potasse ou la chaux. A une époque plus avancée de la végétation, elle prend d'autres qualités : sa consistance augmente; on y trouve différentes substances qui s'y forment, telles que le sucre, l'albumine, etc.

Les anciens ont discuté longtemps pour savoir par quelle partie de la tige l'ascension de la séve avait lieu; les uns pensaient que c'était par la moelle; d'autres, au contraire, croyaient que l'écorce était le siége de ce singulier phénomène. Des expériences concluantes ont démontré que la marche de la séve, dans les vaisseaux séveux, se fait à travers les couches ligneuses et dans la partie la plus voisine de l'étui médullaire.

Lorsque la séve est parvenue vers les extrémités des branches, elle se répand dans les feuilles. Là elle perd une partie des principes qu'elle contenait et en acquiert de nouveaux.

Les feuilles et les parties vertes, avons-nous dit, sont le siége de la transpiration et de la respiration, phénomènes dont nous allons nous occuper. La séve s'y dépouille de la partie surabondante de principes aqueux qu'elle contient et de substances devenues étrangères à la nutrition; elle prend des qualités nouvelles, et, suivant une route inverse de celle qu'elle vient de parcourir, elle redescend des feuilles vers les racines à travers le liber, en déposant sur son passage les substances destinées à entretenir et à fortifier le végétal.

TRANSPIRATION.

La transpiration ou évacuation aqueuse des végétaux est cette fonction par laquelle la séve, parvenue dans les organes foliacés, perd et laisse échapper la surabondance d'eau qu'elle contenait.

On distingue deux sortes de transpirations : la *transpiration insensible* et la *transpiration sensible.*

Dans la transpiration insensible, c'est sous forme de vapeur que l'eau s'exhale dans l'atmosphère. Quand la transpiration est faible, cette vapeur est absorbée par l'air à mesure qu'elle se produit; mais, si la quantité augmente, on voit alors ce liquide transpirer sous forme de gouttelettes très-petites. Ainsi on trouve fréquemment, au lever du soleil, des gouttelettes limpides qui pendent de la pointe des feuilles d'un grand nombre de végétaux ; les feuilles de *chou*, par exemple, en présentent de fort remarquables dans les enfoncements qui se trouvent à leur face supérieure. On a cru longtemps qu'elles étaient produites par la rosée, mais on a prouvé depuis qu'elles proviennent de la transpiration végétale condensée par la fraîcheur de la nuit.

En effet, après avoir coupé plusieurs de ces feuilles et les avoir pesées, on les laissa reposer à l'abri de l'air, et au bout de quelques jours on trouva, en les pesant de nouveau, une notable diminution dans le poids.

Des remarques de ce genre sur des tiges en pleine végétation ont établi, par exemple, que le *tournesol* transpire en vingt-quatre heures dix-neuf fois autant qu'un homme.

La transpiration sensible, au contraire, est celle qui se produit sous des formes très-apparentes. C'est, en général, une matière très-abondante que l'on voit sortir des plantes, telle que la résine épaisse de la *fraxinelle*, des matières sucrées ou mielleuses qui s'accumulent et durcissent. C'est par cet appât que sont attirées les mouches et les abeilles que l'on voit venir souvent se fixer sur les feuilles des orangers, des saules, des frênes, qui excrètent la *manne*, lorsque cette substance est devenue plus liquide par la présence de la pluie et de la rosée.

RESPIRATION.

C'est aujourd'hui un fait hors de doute que les végétaux respirent comme les animaux.

Le but de la respiration dans les animaux est de mettre dans les poumons le sang en contact avec l'air atmosphérique, afin qu'en absorbant une certaine quantité d'oxygène il acquière les qualités nutritives qui lui sont nécessaires. Une semblable fonction se remarque dans les plantes.

La séve qui monte des racines, arrivée dans les feuilles, s'y trouve en contact avec l'air atmosphérique, en absorbe l'acide carbonique, le décompose, ainsi qu'une partie de l'air, sous l'influence de la lumière solaire, retient le carbone de l'acide carbonique et une petite proportion de l'oxygène de l'air[1], et, par son contact avec ces substances, se convertit en fluide capable de nourrir le végétal. Les feuilles, organes essentiels de la respiration, sont donc les analogues des poumons dans les animaux supérieurs.

Mais, de plus, les plantes ont des tubes ou vaisseaux aériens, appelés *trachées*, qui sont les conduits chargés de porter l'air dans toutes les parties du végétal, et font ainsi participer à la revivification les fluides qu'ils rencontrent.

Ici se place une remarque importante. Si, pendant le jour et sous l'action des rayons lumineux, les feuilles, en absorbant l'acide carbonique, gardent pour la nutrition le carbone

[1] En effet, nous avons dit précédemment que l'*acide carbonique* est un gaz composé de carbone et d'oxygène, et que l'air atmosphérique est un mélange d'oxygène, d'azote, d'acide carbonique et de vapeur d'eau.

et exhalent l'oxygène, elles laissent, au contraire, pendant la nuit, échapper des parties d'oxygène combinées avec du carbone, c'est-à-dire de l'acide carbonique. C'est pour cette raison qu'il est dangereux de laisser séjourner pendant la nuit des fleurs dans les habitations.

LIVRE DEUXIÈME

ORGANES DE LA REPRODUCTION

CHAPITRE PREMIER.

DE LA FLEUR.

Nous allons étudier maintenant la seconde des deux grandes fonctions de la vie végétale, la reproduction, c'est-à-dire la fonction en vertu de laquelle la plante donne naissance à des germes qui, en se développant, produisent de nouveaux individus.

Lorsqu'un végétal, par le développement de ses bourgeons, a donné naissance à des branches qui se sont couvertes de feuilles, on voit apparaître une série d'organes nouveaux, et alors commence une deuxième période dans la vie végétale, la *floraison*, qui est en quelque sorte l'époque de puberté du végétal. A l'aisselle des feuilles qui garnissent le sommet des rameaux se montrent les *fleurs :* ce sont ces organes, que tout le monde connaît, dans lesquels vont se passer tous les mystères de la reproduction.

Comme les animaux, les fleurs se reproduisent par des germes organisés qu'on nomme des *embryons;* et ceux-ci sont protégés par des membranes, appelées *ovules* ou œufs, qui les recouvrent entièrement. Ces ovules, parvenus à leur maturité, s'appellent des *graines*. Les graines sont donc tout à fait identiques aux œufs des animaux, et leur caractère essentiel consiste dans l'embryon qu'elles contiennent.

Les graines sont renfermées dans un organe spécial destiné à les protéger; cet organe s'appelle *carpelle*.

Mais l'embryon, pour se former, a besoin d'être soumis à l'influence spéciale d'un autre organe qui contient, à cet effet, une matière particulière. Cette matière, qui doit opérer la fécondation du germe, s'appelle le *pollen*, et le corps qui la renferme constitue l'*étamine*.

Les fleurs des plantes sont donc composées de deux parties principales, savoir : les organes femelles, contenant des graines : ce sont les *carpelles*;

Les organes mâles, contenant la matière fécondante : ce sont les *étamines*.

Le plus souvent les étamines et les carpelles sont réunis sur un support commun; la fleur est alors nommée *hermaphrodite* : tels sont les roses, les jasmins. Quelquefois, au contraire, les sexes sont séparés, et la fleur est dite *unisexuée*, comme dans le saule, le maïs, etc.; dans ce dernier cas, la fleur est mâle ou femelle, selon qu'elle ne renferme que des étamines ou des carpelles.

Ces sortes d'organes sont enveloppés de feuilles disposées sur deux rangs; les plus intérieures sont ordinairement colorées, et souvent des nuances les plus brillantes : ce sont les *pétales*, dont l'ensemble est appelé la *corolle*; les plus extérieures, ordinairement vertes et appelées *sépales*, constituent le *calice*.

La *fleur* se compose donc de parties essentielles formant quatre groupes circulaires ou *verticilles* emboîtés les uns dans les autres : *calice*, *corolle*, *étamines* et *carpelles*.

Les fleurs sont le plus souvent *pédonculées*, c'est-à-dire munies d'un pédoncule ou support qui lui-même est un rameau dont l'extrémité libre, plus ou moins renflée, sert de point d'attache aux diverses parties qui composent la fleur, et porte le nom de *réceptacle*.

Plus rarement le pédoncule n'existe pas et la fleur est *sessile*.

Nous avons dit que les organes reproducteurs, étamines et carpelles, sont protégés par deux enveloppes dont la plus extérieure est le *calice* et l'autre la *corolle*; mais il existe un grand nombre de plantes qui n'ont qu'une seule enveloppe florale : telles sont le *daphné*, la *rhubarbe*, le *sarrasin*, le *lis*, la *tulipe*. On a beaucoup discuté pour savoir si cette enveloppe simple devait être appelée une corolle ou un calice; mais on est d'accord aujourd'hui pour la considérer comme un simple *calice*.

Après ces considérations générales, étudions chacune des parties constituantes de la fleur.

CALICE.

Le calice est donc l'enveloppe extérieure de la fleur, lorsque celle-ci a deux enveloppes, et l'enveloppe simple, lorsqu'elle n'en a qu'une. Il est composé de plusieurs pièces représentant autant de feuilles plus ou moins modifiées, nommées

41. Mouron.
Calice 5-parti.

42. Lychnis.
Calice 5-denté.

43. Lamier.
Calice irrégulier.

sépales. Tantôt les sépales sont libres et parfaitement distincts les uns des autres; tantôt ils sont soudés entre eux dans une étendue plus ou moins grande. Dans le premier cas, le calice est *polysépale*, comme celui de la giroflée; dans le second cas, on le nomme *gamosépale*, comme celui de l'*œillet*, de la *rose*, du *mouron* (fig. 41), etc.

Le nombre des parties qui composent le calice polysépale est très-variable ; ainsi, dans le *pavot* le calice n'a que deux sépales ; il en a trois dans la *ficaire,* quatre dans la *giroflée,* cinq dans l'*œillet*, etc.

Le calice gamosépale (fig. 42) peut être régulier ou irrégulier. Il est régulier lorsqu'il est composé de sépales égaux et symétriquement arrangés (fig. 42) ; il est irrégulier lorsque les sépales sont inégaux et manquent entre eux de symétrie (fig. 43).

Le calice est ordinairement d'un vert foliacé et présente la même structure que les feuilles ; quelquefois cependant il est coloré de diverses manières, et il offre les caractères extérieurs de la corolle, comme dans le lis, la jacinthe, la tulipe, l'iris.

Quant aux formes que peut présenter le calice, elles sont très-nombreuses et variées. Ainsi il peut être *cylindrique*, *campanulé* ou en forme de cloche, *turbiné* ou en forme de poire, *vésiculeux*, *prismatique*, *anguleux*, *strié*, etc.

COROLLE.

La *corolle* est l'enveloppe intérieure de la fleur. Elle est d'un tissu plus mou, plus délicat que celui du calice, et présente ordinairement des couleurs très-variées. Comme le calice, la corolle est composée de *pétales* qui ne sont encore que des feuilles modifiées. On distingue dans un pétale deux parties, savoir : une partie inférieure, rétrécie et plus ou moins allongée, que l'on appelle *onglet*, et une partie supérieure, plane et dilatée, que l'on nomme la *lame*.

Les pétales, comme les sépales du calice, peuvent rester libres et distincts, ou se souder ensemble et former un tout continu. Dans le premier cas la corolle est *polypétale ;* elle est *gamopétale* dans le second.

Le nombre des pétales est très-variable dans la *corolle polypétale ;* ainsi certaines corolles n'ont que deux pétales, d'autres en ont trois, quatre, cinq, et même beaucoup plus. Tantôt ces pétales sont réguliers et symétriques entre eux : la corolle est alors *régulière*, comme dans la *rose*, l'*œillet*, le *lin* ; tantôt ils sont inégaux et disposés sans symétrie, comme dans les

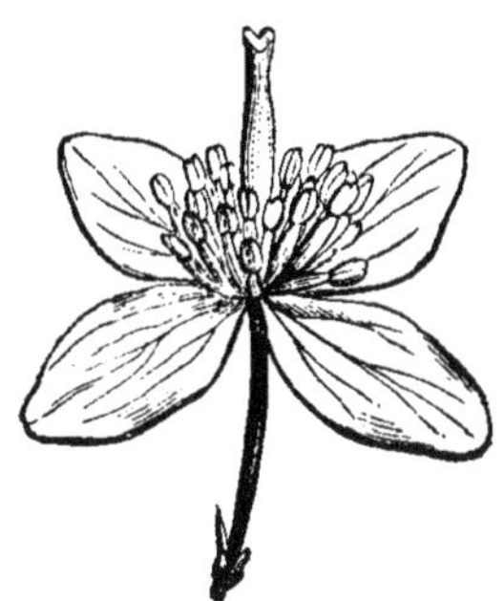

44. CHÉLIDOINE.
Corolle cruciforme.

pois, les *haricots*, la *violette*, l'*acacia* : la corolle est alors *polypétale irrégulière*.

Dans la corolle gamopétale, la soudure des pétales peut avoir lieu dans une étendue plus ou moins grande, et le

45. FRAISIER.
Corolle rosacée.

46. POIS.
Corolle papilionacée.

nombre des pétales soudés peut également varier. Cette corolle est aussi *régulière* ou *irrégulière*.

La corolle polypétale a reçu différents noms, selon la forme qu'elle présente ; elle est dite : *cruciforme* (fig. 44), *rosacée* (fig. 45), *papilionacée* (fig. 46), etc.

La corolle gamopétale porte aussi divers noms tirés des

47. Bleuet.
Corolle tubuleuse.

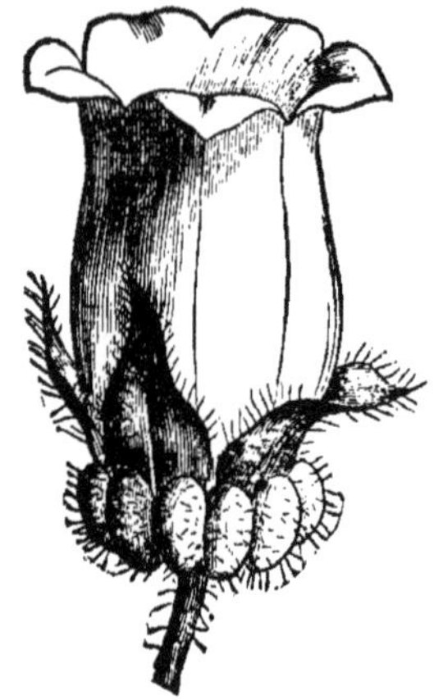

48. Campanule.
Corolle campanulée.

analogies de sa forme; elle est : *tubuleuse* (fig. 47), *campa-*

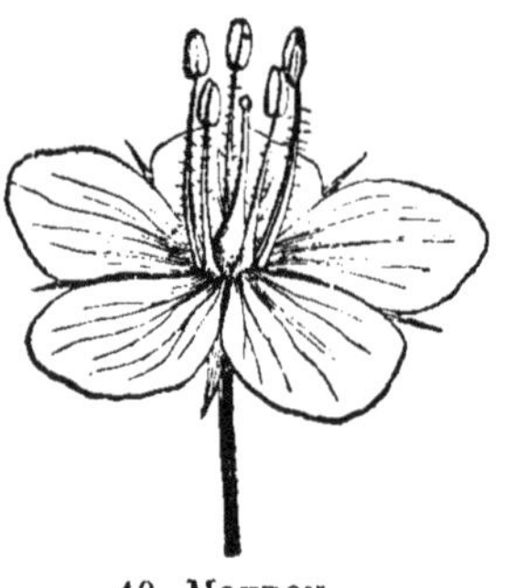

49. Mouron.
Corolle rotacée.

50. Lamier.
Corolle labiée.

nulée (fig. 48), *rotacée* (fig. 49), *labiée* (fig. 50), etc., selon qu'elle ressemble à un tube, à une cloche, à une roue, à des lèvres.

ÉTAMINES.

Les étamines, ou organes mâles des végétaux, se composen de parties : l'*anthère* et le *filet*.

L'*anthère* est un petit sac membraneux, quelquefois simple, mais ordinairement double ou à deux loges. Ces deux loges sont adossées l'une à l'autre, ou sont réunies entre elles par un petit corps appelé *connectif*. Très-rarement l'anthère est à quatre loges, comme on l'observe dans le *butome* ou *jonc fleuri*. On l'appelle *apicifixe* quand son sommet tient au filet (fig. 52).

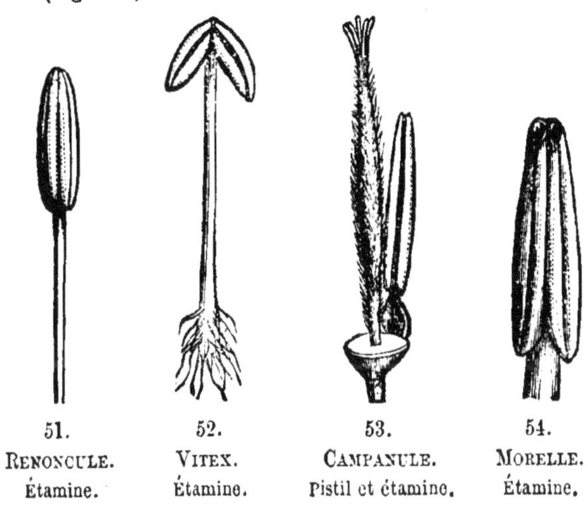

51. RENONCULE. Étamine. 52. VITEX. Étamine. 53. CAMPANULE. Pistil et étamine. 54. MORELLE. Étamine.

L'anthère contient le *pollen* ou matière séminale des végétaux. A l'époque de la fécondation, les loges de l'anthère s'ouvrent pour laisser échapper cette matière, qui est sous la forme d'une poussière très-fine. Le plus souvent l'ouverture des loges se fait suivant une fente longitudinale, dont la trace est indiquée d'avance par un sillon que présente l'une des faces de chaque loge. Plus rarement la déhiscence a lieu par un petit trou ou pore qui se forme au sommet de l'anthère (fig. 54), ou par une sorte de valve ou fenêtre qui se soulève latéralement.

Lorsque la face de l'anthère qui porte les sillons par lesquels s'ouvrent les loges est tournée vers le centre de la fleur, ce qui est le cas le plus commun, on dit que l'étamine est *introrse* (fig. 53); elle est *extrorse* dans le cas contraire (fig. 51).

La forme des anthères est généralement allongée; mais elle peut être ovoïde, globuleuse, cordiforme, etc. Les anthères d'une même fleur se soudent quelquefois entre elles de manière à former un tube cylindrique.

Le *filet* est le support de l'anthère. Il est ordinairement sous la forme d'un filament cylindrique ou légèrement aminci de la base au sommet. Quelquefois, au contraire, il est élargi à la manière des pétales, avec lesquels il a beaucoup d'analogie.

Rien n'est plus commun, en effet, que de voir les filets des étamines se transformer en pétales. Ainsi, dans les belles fleurs doubles du rosier, de l'œillet, du pavot, la multiplication si considérable des pétales est due précisément à une métamorphose des étamines, dont les anthères avortent, et dont les filets s'élargissent en autant de lames pétaloïdes. La fleur du nénuphar blanc offre un très-bel exemple de cette transformation des filets en pétales.

Les filets des étamines se soudent quelquefois ensemble en un ou plusieurs faisceaux désignés sous le nom d'*androphores*. Lorsque tous ces filets ne forment qu'un seul faisceau, les étamines sont dites *monadelphes*, exemples : la *mauve*, la *rose trémière*. Lorsqu'ils se soudent en deux faisceaux distincts, comme dans la *fumeterre*, le *haricot*, les étamines sont dites *diadelphes*. Enfin elles sont *polyadelphes*, comme dans le *millepertuis*, quand les filets forment trois ou un plus grand nombre de faisceaux.

Le filet manque quelquefois; on dit alors que l'anthère est *sessile;* exemple, l'*aristoloche*.

Le nombre des étamines que peut contenir une fleur est extrêmement variable. Certaines fleurs n'en renferment qu'une, exemples : le *saule*, la *valériane rouge ;* d'autres en portent plusieurs centaines, comme le *pavot*, les *cactus*, les *pivoines*.

Lorsque le nombre des étamines est limité pour une fleur entre une et dix, ce nombre est toujours constant; mais au delà de dix le nombre des étamines varie d'une fleur à l'autre de la même plante.

CARPELLES.

Ce sont les organes femelles des fleurs. On distingue dans un carpelle trois parties, savoir : l'*ovaire* ou cavité close renfermant les ovules ou rudiments des graines; le *style*, qui est un prolongement du sommet de l'ovaire, et le *stigmate*, qui termine le style.

Lorsqu'il existe plusieurs carpelles au centre d'une fleur, ils peuvent rester libres et distincts les uns des autres ou se souder ensemble plus ou moins complétement. Il résulte de cette soudure un corps unique que l'on appelle le *pistil*.

Examinons en particulier chacune de ces trois parties.

L'*ovaire* est, dans le pistil, la partie inférieure et la plus renflée, qui fait continuité avec la plante, et dans laquelle sont renfermés les *ovules*, qui doivent plus tard devenir des graines servant à reproduire la plante.

On dit que l'ovaire est *libre* quand il ne fait pas corps avec le calice, qui alors aussi est *libre*, comme dans le *cresson*, le *lis* et le *haricot*. L'ovaire est dit *adhérent* quand il est soudé en tout ou en partie avec le calice, qui alors aussi est *adhérent*, comme dans le *rosier*.

On dit encore que l'ovaire est *supère*, par rapport à la corolle, lorsque la corolle, qui alors est dite *infère*, a ses pétales attachés au-dessous de l'ovaire, comme dans la *lunaire*, le *lis*, et que l'ovaire est *infère* (toujours par rapport à la corolle, qui alors est *supère*), lorsque celle-ci a ses pétales attachés au-dessus de l'ovaire, comme dans la *belle-de-nuit*.

Cette remarque doit être faite aussi par rapport au calice. Ainsi l'ovaire est *supère* et le calice *infère* quand le calice a ses sépales attachés au-dessous de l'ovaire, et l'ovaire est *infère*, le calice alors devenant *supère*, lorsque c'est le contraire qui a lieu. La *pivoine* et le *pavot* ont des calices *infères* et des ovaires *supères* ; dans l'*épilobe* et l'*onagre*, au contraire, le calice est *supère* et l'ovaire *infère*.

L'ovaire d'ailleurs est, suivant les plantes, composé d'une

ou de plusieurs cavités particulières que l'on appelle *loges*, et qui contiennent les ovules; dans ce cas on dit qu'il est *uniloculaire*, *biloculaire*, *triloculaire* et *multiloculaire*, selon qu'il contient une, deux, trois ou un plus grand nombre de loges (fig. 55, 56, 57, 58).

55. RÉSÉDA. Coupe transversale de l'ovaire.

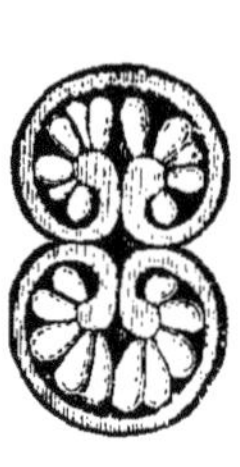

56. ÉRYTHRÉE. Coupe transversale de l'ovaire.

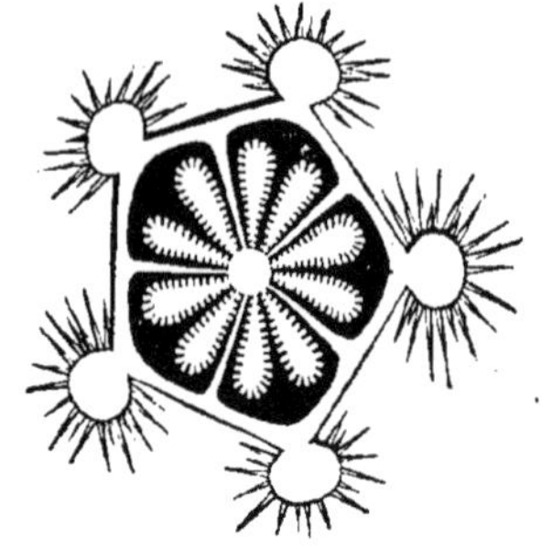

57. CAMPANULE. Coupe transversale de l'ovaire.

58. LIN. Coupe transversale de l'ovaire.

Le *style* est un petit corps cylindrique, plus ou moins allongé, qui surmonte l'ovaire; il fait suite à la nervure moyenne de la feuille carpellaire, dont il n'est qu'un prolongement, et se termine par le *stigmate*. Quelquefois il manque complétement, et le stigmate est dit alors *sessile*.

Lorsque l'ovaire est simple, c'est-à-dire formé par un seul carpelle, le style est toujours simple lui-même; mais lorsque l'ovaire est composé, il existe toujours autant de styles que de carpelles.

Ces styles sont tantôt libres et distincts les uns des autres, comme dans l'*œillet*, le *lin*; tantôt, au contraire, ils se soudent entre eux, soit complétement, de manière à figurer un style simple, comme dans le *lis*, la *digitale*, soit dans une partie seulement de leur longueur, comme dans la *mauve*, le *géranium*, etc.

Le *stigmate* est un corps glandulaire qui termine le style, quand celui-ci existe, ou qui repose immédiatement sur l'ovaire quand le style manque. On trouve toujours autant de stigmates que de styles ou de carpelles ; comme dans ces derniers, ils sont libres ou soudés en une seule masse.

La forme du stigmate est extrêmement variable : il peut être globuleux, cylindrique, ovoïde, aplati, en forme d'hélice, de bouclier, de plume, de languette, etc. ; mais, quelle que soit la forme, la surface est toujours irrégulière et glanduleuse, et le plus souvent elle est recouverte d'un enduit légèrement visqueux, principalement à l'époque de la fécondation.

Telles sont les parties qui entrent dans la composition de la fleur. Nous avons examiné la position relative des quatre *verticilles* qui la constituent ; il nous reste maintenant à indiquer les rapports qui peuvent exister entre les étamines et le pistil.

Envisagées sous ce point de vue, les étamines ont été divisées en trois grandes classes, savoir : les étamines *hypogynes*, les étamines *périgynes* et les étamines *épigynes*.

Les étamines *hypogynes* sont celles dont l'insertion a lieu au-dessus de l'ovaire ou du pistil, comme dans le *blé*, la *renoncule*, le *géranium*, etc.

Les étamines *périgynes* sont celles qui, s'insérant sur le calice, sont élevées à une certaine hauteur au-dessus de la base de l'ovaire, comme dans la *rose*, l'*amandier*, le *grenadier*.

Les étamines *épigynes* sont celles qui sont fixées sur l'ovaire même, comme dans le *persil*, la *ciguë*, la *garance*.

Lorsque les étamines sont *hypogynes*, l'ovaire est ordinairement libre au fond de la fleur, ce qui a lieu quand l'ovaire est *supère ;* quand les étamines sont *périgynes* ou *épigynes*, l'ovaire est le plus souvent soudé avec le calice, et, par conséquent, *infère* (voir plus haut). Enfin il arrive quelquefois que les étamines se soudent avec le pistil, comme dans l'*aristoloche ;* ce sont alors des étamines *gynandres*.

Le pistil, qui est, comme nous l'avons dit, la réunion de

plusieurs carpelles soudés ensemble, est dit *stipité* dans la *fraxinelle* (fig. 59). Quelquefois il est *unique* quand il ne

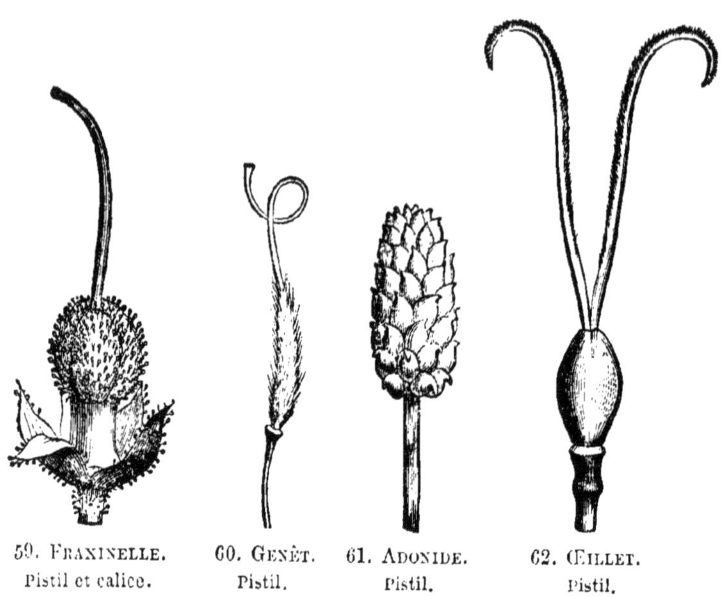

59. Fraxinelle. Pistil et calice. 60. Genêt. Pistil. 61. Adonide. Pistil. 62. Œillet. Pistil.

provient que d'un seul carpelle, les autres étant avortés, comme dans le *genêt* (fig. 60).

Souvent les carpelles se réunissent en épi, dans l'*adonide* (fig. 61), par exemple, ou bien sont cohérents par la réunion de leurs ovaires seulement, comme dans l'*œillet* (fig. 62).

CHAPITRE II.

INFLORESCENCE.

L'*inflorescence*, qu'il ne faut pas confondre avec la *floraison*, est la disposition que prennent les fleurs sur la tige ou sur les rameaux.

Il y a deux sortes d'inflorescence : l'inflorescence *définie* et l'inflorescence *indéfinie* ou *axillaire*.

L'inflorescence est *définie* lorsque la tige ou le rameau se termine par une fleur qui arrête nécessairement son développement.

L'inflorescence est *indéfinie* lorsque les fleurs naissent de l'aisselle des feuilles ou des bractées. Dans ce dernier cas, la

63. Aubépine.
Cyme - corymbe.

tige et les rameaux produisent sans cesse à leur extrémité de nouveaux bourgeons qui tendent à les développer indéfiniment.

On a donné des noms particuliers aux divers modes de groupement des fleurs.

A l'inflorescence définie appartient la *cyme*, dans laquelle la tige et les rameaux se terminent chacun par une fleur qui porte à sa base deux ou plusieurs feuilles opposées ou verticillées, de l'aisselle desquelles naissent de nouvelles fleurs disposées comme les premières, et

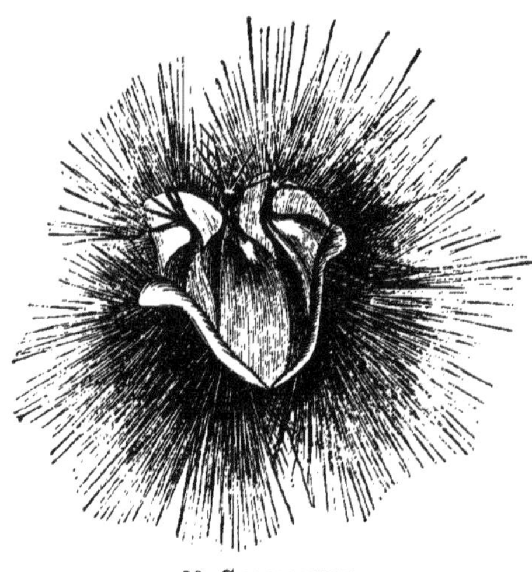

66. CHATAIGNIER.
Involucre épineux contenant trois fleurs.

ainsi de suite. Telle est la disposition que l'on observe dans l'*aubépine* (fig. 63) et dans un grand nombre d'autres plantes.

64. VERVEINE. Épi simple.

65. FROMENT. Épi composé.

A l'inflorescence indéfinie appartiennent l'*épi*, le *chaton*, le *spadice*, le *cône*, le *capitule*, la *grappe*, la *panicule*, le *thyrse*, le *corymbe* et l'*ombelle*.

L'*épi* (fig. 64 et 65) est un mode d'inflorescence dans lequel l'axe primaire ou pédoncule porte latéralement une uite de petites écailles ou bractées, dont chacune présente à son aisselle une fleur sessile; exemples : le *blé*, l'*orge*, le *seigle*, le *plantain*, etc.

Le *chaton* (fig. 66) n'est qu'un épi composé de fleurs unisexuées, mâles ou femelles, et dont l'axe est articulé de manière à pouvoir se détacher et tomber en entier après la floraison. Ce mode d'inflorescence appartient principalement à la famille des amentacées, laquelle est composée d'arbres plus ou moins élevés, tels que les *saules*, les *peupliers*, les *chênes*, les *hêtres*.

67. SCABIEUSE.
Capitule.

68. GROSEILLIER.
Grappe.

Le *spadice* est une espèce de chaton dont l'axe, chargé de fleurs unisexuées, est épais et charnu, et est enveloppé par une grande bractée ou *spathe*, qui le recouvre entièrement avant l'épanouissement des fleurs, exemple le *maïs*.

Le *cône* est encore une variété du chaton, dans laquelle les écailles qui accompagnent les fleurs femelles sont très-déve-

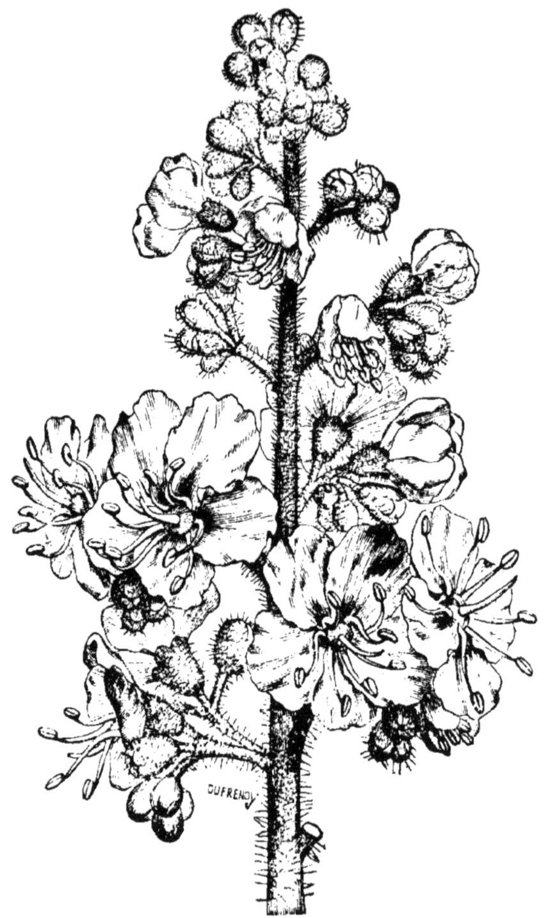

69. MARRONNIER D'INDE.
Grappe composée.

loppées et souvent ligneuses; exemples : le *pin*, le *sapin*, les *mélèzes*, et autres arbres de la famille des *conifères*.

Le *capitule* (fig. 67) est composé d'un grand nombre de

petites fleurs portées par un axe commun, déprimé et élargi à son sommet de manière à former une tête globuleuse ou hémisphérique entourée d'un involucre. Cette inflorescence n'est qu'une variété de l'épi, dont l'axe est simplement aplati et déprimé; elle appartient aux plantes de la famille des *synanthérées* et des *dipsacées*, telles que le *chardon*, l'*artichaut*, le grand *soleil*, la *scabieuse*, etc.

La *grappe* (fig. 68, 69) est une inflorescence dans laquelle l'axe primaire ou pédoncule, au lieu de porter directement les fleurs, se divise en axes secondaires, simples ou composés,

70. CERISIER MAHALEB. Corymbe.

71. CERISIER. Ombelle simple.

terminés par des fleurs, exemples : la *vigne*, le *groseillier*, le *cassis*, le *marronnier d'Inde*.

La *panicule* est une variété de la grappe dans laquelle les divisions secondaires sont lâches, allongées et très-écartées les unes des autres; telles sont les fleurs de l'*avoine*, de l'*agrostide*, de la *canne*, etc.

Le *thyrse* est une espèce de grappe dont les ramifications de la partie moyenne sont plus développées que celles de la base ou du sommet, ce qui donne à cette inflorescence une forme plus ou moins ovoïde. Le *lilas* offre un très-bel exemple du thyrse.

Le *corymbe* (fig. 70) se compose de ramifications simples ou divisées, partant de divers points de l'axe primaire, mais qui toutes arrivent à la même hauteur, où elles forment un groupe de fleurs à surface plane ou légèrement convexe; exemples : le *millefeuille*, le *sorbier*, le *sureau*.

L'*ombelle* (fig. 71, 72) est un mode d'inflorescence dans

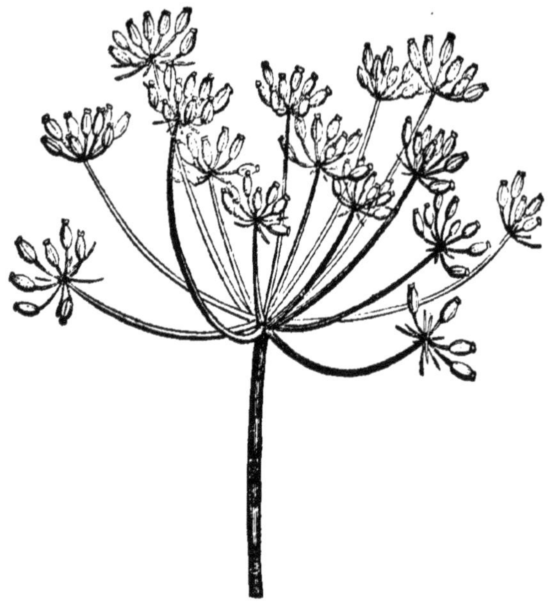

72. Fenouil.
Ombelle composée.

lequel les divisions du pédoncule, nommées *rayons* de l'ombelle, partent toutes du sommet tronqué du pédoncule, et qui, arrivées à la même hauteur, se subdivisent en un certain nombre de nouveaux rayons, portant chacun une fleur à son extrémité. L'ensemble des fleurs présente ainsi une surface plane ou légèrement bombée, ressemblant à un parasol (*umbella*), d'où lui vient son nom. Ce mode d'inflorescence caractérise une famille entière, celle des ombellifères.

CHAPITRE III.

DU FRUIT.

Le fruit n'est autre chose que l'ovaire fécondé et parvenu à sa maturité. Il se compose de deux parties principales : le *péricarpe* et la *graine.*

Le PÉRICARPE est la partie du fruit qui enveloppe la *graine.* Il se subdivise en *épicarpe*, *mésocarpe*, et *endocarpe.*

L'*épicarpe* est la partie extérieure, vulgairement appelée la *peau*, comme dans la *pêche*, la *pomme.*

Le *mésocarpe* est la partie intermédiaire, appelée la *chair*, comme dans la *prune* et le *coing*, ou la *pulpe*, comme dans la *groseille*, le *raisin* et l'*orange.*

L'*endocarpe* est la partie tout à fait intérieure immédiatement appliquée contre la graine, dans le but de la préserver de toute atteinte, et vulgairement appelée le *pepin*, comme dans la *poire* et la *pomme*, ou le *noyau*, comme dans l'*abricot* et la *cerise.*

Le péricarpe comprend encore diverses dénominations : ce sont les *valves*, les *sutures*, les *cloisons* et les *loges* qui servent à distinguer ses différentes séparations.

La GRAINE comprend aussi deux parties bien distinctes : l'*épisperme* et l'*amande.*

L'*épisperme* est le tégument, vulgairement appelé *peau*, qui sert d'enveloppe à l'amande proprement dite et qui adhère d'autant plus que le fruit est plus avancé en maturité.

L'*amande*, qui contient le *germe*, constitue ce que l'on appelle le *corps cotylédonaire*, et est composée soit d'un seul *lobe* ou *cotylédon*, soit de deux, entre lesquels se trouve le germe, qu'on appelle encore la *plantule.*

Dans le premier cas, la plante n'ayant qu'un seul cotylédon

est dite *monocotylédonée* ; dans le second, elle est *dicotylédonée.*

Il y a encore un troisième cas, c'est celui où la plante est privée de cotylédon ; on la nomme alors *acotylédonée.*

Cette distinction est de la plus haute importance, car elle fournit un caractère de première valeur pour la classification naturelle des plantes. En effet, les végétaux monocotylédonés et les dicotylédonés ne diffèrent pas seulement par la structure de leur embryon, mais encore par l'organisation particulière de toutes les parties qui les constituent.

Enfin le *germe* lui-même contient deux organes principaux bien distincts :

La *radicule*, qui est le principe des racines de la nouvelle plante, et qui se tourne toujours dans le sol de manière à s'enfoncer dans la terre ;

Et la *plumule*, qui est le principe de la tige et des feuilles primordiales, et qui se tourne toujours dans le sol de manière à s'élever vers le ciel.

Nous remarquerons ici que telle est la puissance mystérieuse qui fait prendre ces directions à ces deux parties que si, avant le développement de la graine, on la place avec intention dans le sol en mettant la radicule en haut et la plumule en bas, la graine se retournera bientôt d'elle-même pour germer. De même, si l'on arrache de terre un jeune arbre et qu'on l'y enfonce de nouveau par les branches, on verra la sève changer de direction et les branches fournir des racines, tandis que les racines produiront des feuilles.

Comme la graine est destinée à se séparer plus tard de la plante, la nature lui a donné des organes de nutrition qui lui sont propres et qui lui permettent d'exister lorsqu'elle n'a plus de rapport avec la plante mère ; ces organes sont les *cotylédons*, dont nous venons de parler, et qui contiennent des parties très-lâches ou des réservoirs dans lesquels sont des espèces de petites éponges remplies de sucs laiteux qu'ils communiquent aux germes.

Par suite de leur destination à l'égard de la plante, les

cotylédons, dès que le germe est assez développé pour n'avoir plus besoin d'assistance, se fanent et périssent; ainsi la graine ne prend pas sa première nourriture ou ses premiers sucs dans la terre; ce n'est que lorsqu'elle est ouverte et a pris racine qu'elle commence à y puiser ses aliments.

CLASSIFICATION DES FRUITS.

Les fruits ont été divisés en quatre groupes ou quatre classes, d'après le nombre et la disposition des carpelles qui entrent dans leur composition. Ces quatre classes sont :

1° Les fruits *simples* ou *apocarpés;*
2° Les fruits *multiples* ou *polycarpés;*
3° Les fruits *composés* ou *syncarpés;*
4° Les fruits agrégés ou *synanthocarpés.*

1re CLASSE. — *Fruits simples.*

Cette classe comprend tous les fruits qui proviennent d'un seul carpelle. On les subdivise en fruits *secs* et en fruits *charnus.*

1° *Fruits simples secs.* Ils sont encore subdivisés en *indéhiscents* et en *déhiscents*, c'est-à-dire : *déhiscents* ou s'ouvrant spontanément à la maturité, et *indéhiscents* ou ne s'ouvrant pas.

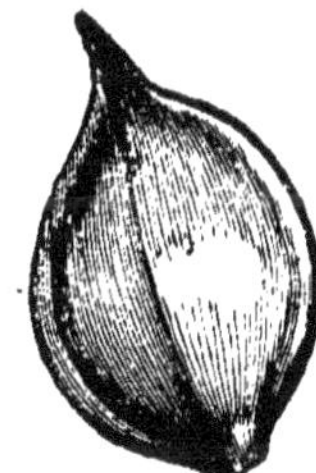

73. SARRASIN. Caryopse. 74. RENONCULE. Akène.

Les *fruits simples indéhiscents* forment trois espèces : le *caryopse*, l'*akène* et la *samare.*

Le *caryopse* (fig. 73) est un fruit à une seule graine dont le péricarpe est intimement soudé et confondu avec la graine : c'est le fruit de toutes les plantes de la famille des graminées : le *blé*, l'*orge*, l'*avoine*, le *riz*, le *maïs*, le *seigle*, etc.

L'*akène* (fig. 74) est un fruit dont le péricarpe est distinct de la graine et peut en être facilement séparé : tel est le fruit du grand *soleil*, de l'*oseille*, des *chardons*, de la *renoncule*, etc.

La *samare* est un fruit à une seule loge, contenant une ou plusieurs graines, et dont le péricarpe s'étend latéralement en une lame ou aile membraneuse, plus ou moins développée ; exemple : le fruit de l'*érable* et de l'*orme* (fig. 75).

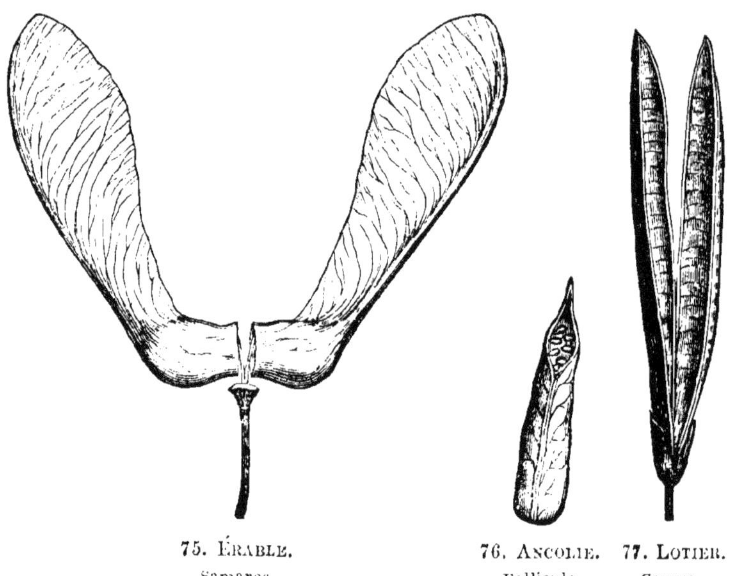

75. Érable. Samares. 76. Ancolie. Follicule. 77. Lotier. Gousse.

Les fruits simples, secs, déhiscents, forment deux espèces : le *follicule*, contenant plusieurs graines et dont le péricarpe s'ouvre en une seule valve par une fente longitudinale ; exemple : le fruit du *pied d'alouette* et de l'*ancolie* (fig. 76) ;

Et la *gousse* ou *légume*, contenant une simple rangée de graines, mais s'ouvrant en deux *valves* par deux fentes longitudinales, tels que le *pois*, la *fève*, le *haricot*, le *lotier* (fig. 77).

2° *Fruits simples charnus.* Ce sont les fruits dont le mésocarpe est très-développé et charnu, et dont l'endocarpe est transformé en noyau. Ils sont de deux espèces : les fruits à noyaux (la *prune*, la *pêche*, la *cerise*), que l'on désigne sous le nom générique de *drupe* (fig. 78), et la *noix*, dont

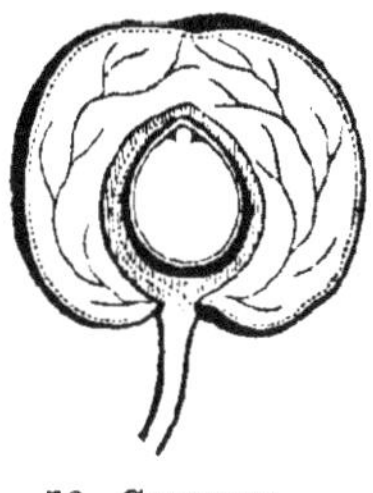

78. CERISIER.
Drupe coupée.

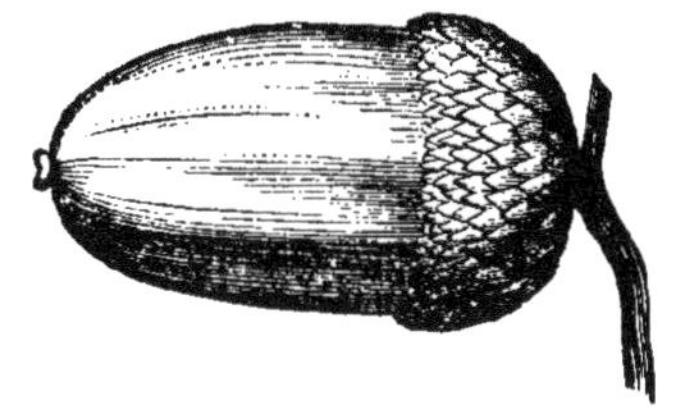

79. CHÊNE.
Gland.

le mésocarpe est moins développé et plus coriace, comme le fruit de l'amandier, du noyer, du cocotier, etc.

2e CLASSE. — *Fruits multiples.*

Cette classe comprend tous les fruits provenant de plusieurs carpelles distincts et réunis en nombre variable sur une même fleur : tels sont les fruits du *framboisier*, du *fraisier*.

3e CLASSE. — *Fruits composés.*

La troisième classe embrasse tous les fruits provenant de la réunion de deux ou plusieurs carpelles soudés ensemble dans une même fleur. On les divise en fruits secs et en fruits charnus.

Les *fruits composés secs* sont indéhiscents ou déhiscents.

Les *indéhiscents* forment deux espèces : le *gland* et la *carcérule*.

Le *gland* (fig. 79) est le fruit du chêne, du noisetier, du châtaignier, etc. Il provient toujours d'un ovaire infère à plusieurs loges et à plusieurs ovules, qui avortent tous, sauf un qui se développe; ce qui explique comment ce fruit à sa maturité ne présente qu'une seule loge. Sa base est ordinairement entourée d'un involucre écailleux ou foliacé, nommé *cupule*. Dans le châtaignier, l'involucre enveloppe complétement le fruit et prend l'aspect d'un péricarpe.

La *carcérule* est un fruit sec à plusieurs loges, renfermant chacune une certaine quantité de graines; exemples : la *grenade*, le fruit du *tilleul*.

Les fruits composés *secs* et *déhiscents* forment trois espèces : la *capsule*, la *silicule* et la *pyxide*.

La *capsule* est un fruit qui appartient à beaucoup de plantes. Elle est constamment formée par plusieurs carpelles soudés ensemble, de manière à former un péricarpe à une ou plusieurs loges contenant un assez grand nombre de graines; exemples : le *pavot*, le *lis*, etc. (fig. 80, 81, 82).

La *silicule* est un fruit allongé, composé de deux carpelles soudés latéralement. Il s'ouvre en deux valves. La ca

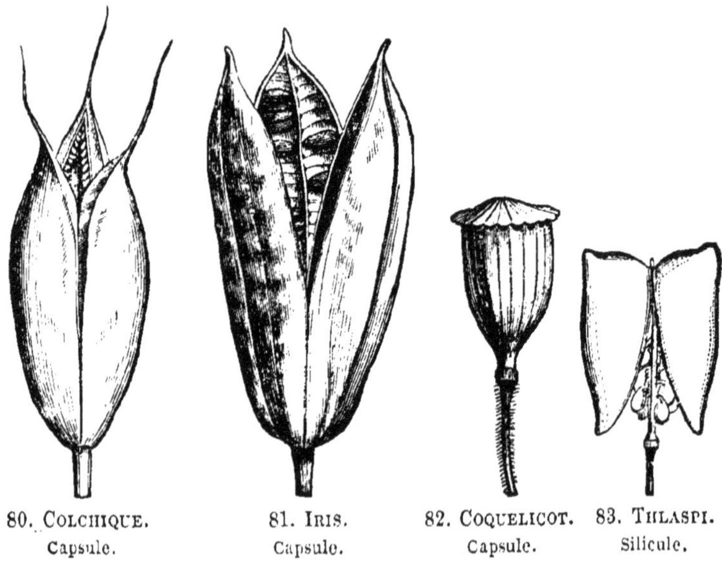

80. Colchique. Capsule.
81. Iris. Capsule.
82. Coquelicot. Capsule.
83. Thlaspi. Silicule.

vité est ordinairement partagée en deux loges : tels sont les fruits de la *giroflée*, du *chou*, du *cresson*, du *thlaspi* (fig. 83).

La *pyxide* est un fruit sec, ordinairement globuleux, qui a cela de caractéristique qu'il s'ouvre en travers de manière à former deux valves superposées comme dans une boîte à savonnette. On trouve cette espèce de fruit dans la *jusquiame*, le *pourpier*, le *mouron rouge*, etc. (fig. 84).

Fruits composés charnus. Ils se divisent en cinq espèces : la *baie* (fig. 85), où nous trouvons le *raisin*, les *groseilles*, la *belladone;* la *nuculaine*, fruit qui contient plusieurs petits noyaux; exemple : le fruit du *sureau*, du *lierre*, etc.; la *péponide*, fruit volumineux, à chair épaisse, avec une cavité au centre, et portant un grand nombre de graines : tels sont

84. MOURON.
Pyxide.

85. BELLADONE.
Baie.

le *melon*, le *potiron*, le *concombre*, etc.; la *mélonide* (*pommes*, *poires*, *nèfles*), et l'*hespéridie*, fruit divisé intérieurement en plusieurs loges remplies par des vésicules succulentes, et séparées les unes des autres par un endocarpe membraneux; exemples : l'*orange*, le *citron*, et ceux de tous les arbres de la même famille.

4e CLASSE. — *Fruits agrégés.*

Cette classe comprend des fruits qui, au lieu d'être, comme les précédents, le produit d'un ovaire appartenant à une même fleur, son formés par la réunion de plusieurs ovaires appartenant à des fleurs primitivement distinctes. Elle renferme plusieurs espèces : le *cône*, fruit des *pins*, des *cyprès*, des *cèdres ;* la *sorose*, fruit du *mûrier*, de l'*ananas ;* et le *sycone*, fruit du *figuier*.

Les parties alimentaires des différents fruits dont l'homme et l'animal se nourrissent varient beaucoup. Ainsi nous mangeons le *mésocarpe* ou *sarcocarpe* dans la cerise, la prune, la pêche, l'abricot, la poire, la pomme, le melon, le potiron, la nèfle; l'*amande* ou l'*embryon* dans la noix, la noisette, le marron, la châtaigne, etc. ; la *pulpe* qui remplit le péricarpe de l'orange et du citron; le *réceptacle* de la fleur dans la fraise ; le fruit tout entier dans la framboise, la mûre, la figue, le raisin, les groseilles, l'ananas, etc.

LIVRE TROISIÈME

CLASSIFICATION.

On a divisé le règne végétal en trois grands embranchements d'après la structure de l'embryon. Ces embranchements sont :

1° Les ACOTYLÉDONES, comprenant toutes les plantes dépourvues d'embryon et par conséquent de cotylédon (les champignons, lichens, fougères, etc.);

2° Les MONOCOTYLÉDONES, comprenant toutes les plantes dont l'embryon n'a qu'un seul cotylédon (graminées, palmier, liliacées, asparaginées, etc.);

3° Les DICOTYLÉDONES, comprenant toutes les plantes dont l'embryon a deux cotylédons (labiées, solanées, jasminées, ombellifères, etc.).

Ces trois embranchements forment trois groupes parfaitements naturels, se distinguant les uns des autres par des caractères d'organisation nettement déterminés. Ils sont divisés en quinze classes, d'après des caractères de second ordre, tirés de l'insertion des étamines et de la forme de la corolle; ces quinze classes sont partagées ainsi :

L'embranchement des ACOTYLÉDONES, étant composé de plantes qui n'ont pas de fleurs distinctes, ne forme qu'une classe, l'*acotylédonie.*

L'embranchement des MONOCOTYLÉDONES forme trois classes, selon que les étamines sont hypogynes, périgynes ou épigynes. Ces trois classes sont : la *monohypogynie*, la *monopérigynie* et la *monoépigynie.*

L'embranchement des DICOTYLÉDONES, qui a d'abord été subdivisé en trois groupes secondaires, savoir : les dicotylédones *apétales* ou sans corolle, les dicotylédones *gamopétales* et les dicotylédones *polypétales*, suivant que la corolle est composée d'une seule ou de plusieurs pièces, comprend : trois classes dans les dicotylédones apétales, *épistaminie*, *péristaminie*, *hypostaminie*; quatre classes dans les dicotylédones gamopétales, *hypocorollie*, *péricorollie*, *synanthérie*, *corysanthérie*, et trois classes dans les dicotylédones polypétales, *épipétalie*, *hypopétalie* et *péripétalie.*

Enfin, une dernière et quinzième classe, la *diclinie*, comprend toutes les plantes à fleurs unisexuées ou *diclines*, le plus souvent placées sur des pieds différents.

Le tableau suivant permettra d'embrasser d'un seul coup d'œil l'ensemble de cette classification.

ACOTYLÉDONES				1re Acotylédonie.
MONOCOTYLÉDONES		Étamines hypogynes		2e Monohypogynie.
		— périgynes		3e Monopérigynie.
		— épigynes		4e Monoépigynie.
DICOTYLÉDONES	Apétales.... Apétalie....	Étamines épigynes		5e Épistaminie.
		— périgynes		6e Péristaminie.
		— hypogynes		7e Hypostaminie.
	Monopétales. Monopétalie.	Corolle hypogyne		8e Hypocorollie.
		— périgyne		9e Péricorollie.
		Corolle hypogyne. Épicorollie..	Anthères réunies	10e Synanthérie.
			— distinctes.	11e Corysanthérie.
	Polypétales.. Polypétalie..	Étamines épigynes		12e Épipétalie.
		— hypogynes		13e Hypopétalie.
		— périgynes		14e Péripétalie.
	Unisexuées ou diclines			15e Diclinie.

Ces quinze classes sont ensuite subdivisées en familles, les familles en genres, les genres en espèces et les espèces en individus, d'après les caractères de moins en moins généraux et subordonnés les uns aux autres. Nous allons décrire quelques-unes des familles comprises dans chacune de ces quinze classes, en ayant soin de choisir nos exemples parmi les plantes les plus nombreuses et les plus importantes de notre pays.

PREMIER EMBRANCHEMENT.

ACOTYLÉDONES.

PREMIÈRE CLASSE.

ACOTYLÉDONIE.

Les principales familles de cette classe sont celles des *fougères*, des *prêles*, des *mousses*, des *algues*, des *lichens* et des *champignons*. Nous nous occuperons très-succinctement de chacune d'elles.

Les *fougères* sont des plantes vivaces à feuilles simples et roulées en crosse avant leur épanouissement. Les corps ou corpuscules reproducteurs sont logés dans de petites capsules groupées sur la face intérieure des feuilles; exemples : la *scolopendre*, la *fougère mâle* et le *capillaire*, que l'on emploie en médecine, les deux premières comme vermifuges, la dernière comme adoucissant.

Les *prêles*, plantes herbacées à tige creuse et striée longitudinalement, portant de distance en distance des rameaux verticillés, croissent dans les lieux humides. Les ébénistes s'en servent pour polir.

Les *mousses* sont de petites plantes à tige grêle, simple ou rameuse, dont les *spores* sont contenus dans des capsules ayant souvent la forme d'une petite urne. Tout le monde les connaît.

Les *algues* sont des plantes aquatiques, se présentant sous la forme de filaments simples ou rameux. L'algue marine porte le nom de *varech*. Cette dernière, qui porte aussi le nom de *fucus*, donne, par l'incinération, de la soude et de l'iode.

La *gélidie*, qui, en vieillissant, forme une gelée qui flotte à la surface de la mer, où les hirondelles vont la recueillir pour construire ces fameux nids dont les Chinois sont si friands, appartient à la famille des *algues*.

Les *lichens*, que l'on pourrait appeler les algues terrestres, sont des plantes parasites qui vivent sur l'écorce des arbres, sur la terre humide, sur les murs, sur les rochers. Ils se présentent sous la forme de croûtes sèches, de couleur verte ou jaune, quelquefois grise ou blanchâtre. Le lichen d'Islande est fréquemment employé en médecine comme tonique et adoucissant.

Les *champignons* sont des végétaux terrestres qui croissent particulièrement dans les lieux humides et ombragés. Leur forme et leur consistance sont très-variables : tantôt ils prennent l'apparence d'un tubercule, comme dans la *truffe* ; tantôt, comme dans le *champignon de couche*, ils se déploient en parasol.

Ce que l'on considère souvent comme le champignon tout entier n'est pour ainsi dire que son inflorescence, tandis que la partie essentielle et vivace de la plante est souterraine.

La famille des champignons présente des espèces qui recèlent de violents poisons, et malheureusement aucun caractère positif ne peut servir à les distinguer des espèces comestibles. C'est ici le cas, ou jamais, de pratiquer la maxime : *Dans le doute abstiens-toi.*

DEUXIÈME EMBRANCHEMENT.

MONOCOTYLÉDONES.

DEUXIÈME CLASSE.

MONOHYPOGYNIE. — *Famille des Graminées.*

Cette famille forme un des groupes les plus naturels du règne végétal. Toutes les plantes qui la composent ont un port et une physionomie caractéristiques. La racine est fibreuse. La tige est un chaume généralement fistuleux, portant de distance en distance des nœuds pleins, d'où partent des feuilles alternes, sessiles et engaînantes. Les fleurs sont solitaires ou réunies en petits groupes, nommés *épillets*, lesquels sont disposés à leur tour en épis ou en panicules. A la base de chaque épillet sont deux bractées formant une enveloppe, appelée *glume*, commune aux fleurs qui composent l'épillet. Chacune de ces fleurs a le plus souvent trois étamines hypogynes (rarement deux ou six); leurs filets sont filiformes et leurs anthères bifides à leurs deux extrémités. L'ovaire, à une seule loge monosperme, est surmonté de deux styles qui forment deux stigmates poilus ou plumeux. Il existe ordinairement de chaque côté de l'ovaire deux petites écailles que l'on nomme paléoles. Le fruit est une *caryopse*, c'est-à-dire que le péricarpe se confond avec le tégument de la graine. L'embryon a la forme d'un petit disque appliqué sur la partie inférieure d'un périsperme farineux.

La famille des graminées est certainement la plus utile à l'homme; elle renferme les *céréales* (*blé*, *orge*, *seigle*, *avoine*, *maïs*, *riz*), qui forment presque partout la base de son alimentation.

Après les céréales viennent d'autres graminées importantes au point de vue de leurs applications : ce sont la *canne à*

CANNE A SUCRE.

sucre, le *roseau*, le *sorgho*, le *millet*, le *chiendent* et le *bambou*.

TROISIÈME CLASSE.

MONOPÉRIGYNIE.

Famille des Palmiers et famille des Joncées.

Tout le monde connaît ces plantes herbacées à *chaume* cylindrique et à feuilles alternes et engaînantes que l'on appelle des *joncs*, type de la famille des joncées; nous ne parlerons donc que des palmiers.

Ce sont en général de grands arbres dont la tige, que l'on appelle *stipe*, est couronnée par un faisceau de feuilles très-grandes, simples ou composées, quelquefois plissées en forme d'éventail. Les fleurs, hermaphrodites ou unisexuées, sont groupées en *chaton*, nommées *régimes* et entourées d'une *spathe* coriace et quelquefois ligneuse. Le calice a six divisions, dont trois internes et trois externes plus petites; les étamines sont périgynes et au nombre de six, rarement de trois; le fruit est une *drupe* ou une *noix*. Les espèces principales sont :

Le *dattier*, le *sagoutier*, le *cocotier*, le *chou-palmiste*, le *rotaing* des Indes, dont on fabrique divers ouvrages, tels que des nattes, des siéges, des cannes. C'est à la famille des palmiers qu'appartiennent les végétaux les plus élevés. On cite le *palmier cirier* des Cordillères, dont le stipe peut atteindre une hauteur de soixante-dix mètres. L'Europe ne possède de cette famille que le *palmier éventail.*

Famille des Liliacées.

La famille des *liliacées* appartient aussi à la monopérigynie. Ses diverses espèces, *lis*, *tulipe*, *fritillaire*, *asphodèle*, *jacinthe*, ornent nos jardins; l'*ail commun*, l'*oignon*, l'*échalotte*, le *poireau* sont employés dans l'économie domestique, ainsi que les *aloès*, dont le suc épaissi est très-utile en médecine.

Caractères principaux :

Plantes herbacées, à racine bulbiforme ou fibreuse. Feuilles sessiles. Fleurs solitaires et quelquefois réunies en grappes ou épis. Calice coloré et pétaloïde, formé de six sépales distincts ou unis par leur base. Le fruit est une capsule. L'ovaire est libre.

1. Lis nankin. 3. Lis élégant.
2. Méthonique de Léopold. 4. Cumingie a trois taches.

A côté des liliacées se trouvent les *asparaginées*, qui n'en diffèrent que par leur fruit, qui est une baie au lieu d'une capsule. A ces dernières appartiennent l'*asperge* commune, la *squine* et la *salsepareille*, plantes médicinales.

Les *narcissées* ne diffèrent des *liliacées* que par leur ovaire, qui est infère et adhérent au calice. Elles comprennent les *narcisses*, les *amaryllis*, les *ananas*.

QUATRIÈME CLASSE.

MONOÉPIGYNIE.

Famille des Iridées.

Cette famille se compose de plantes herbacées à souche

1. Bermudienne a grandes fleurs. 3. Vieusseuxia a taches bleues.
2. Rigidelle a fleurs dressées. 4. Sparaxis. — 5. Ixia.

tubéreuse et charnue, à feuilles alternes, aplaties et engaînantes. Les fleurs sont enveloppées avant leur épanouissement dans une spathe membraneuse. Le calice est pétaloïde. Les étamines, au nombre de cinq, sont insérées à la base des divisions externes; les anthères sont extrorses. L'ovaire est infère, à trois loges pluriovulées; les ovules sont réfléchis; le style est divisé en trois rameaux stigmatifères.

Le genre *iris*, qui forme le type de cette famille, renferme plusieurs espèces cultivées comme plantes d'agrément. Les parfumeurs font un grand usage de *l'iris de Florence*, dont la souche, en se desséchant, acquiert une odeur analogue à celle de la violette.

Le jaune intense que les teinturiers tirent du *safran* est fourni par les stigmates de cette plante.

Parmi les plantes d'ornement cultivées dans les jardins, cette famille renferme les *glaïeuls,* dont la plupart des espèces sont originaires de l'Afrique australe; la *tigridie queue de paon,* dont les fleurs ne durent que huit ou dix heures; la *bermudienne,* le *vieusseuxia,* les *sparaxis,* la *gélasine à fleurs azurées*, etc., etc.

TROISIÈME EMBRANCHEMENT.

DICOTYLÉDONES APÉTALES.

CINQUIÈME CLASSE.

ÉPISTAMINIE. — *Famille des Amentacées.*

Tous les végétaux appartenant à cette famille sont des arbres ou des arbrisseaux à feuilles alternes, simples et munies de deux stipules caduques à leur base. Les fleurs, unisexuées, sont monoïques ou dioïques, c'est-à-dire que les fleurs mâles et les fleurs femelles se montrent tantôt sur un

RHODOLÉIA DE CHAMPION.

seul individu, et tantôt sur des individus distincts. Les fleurs mâles sont en chaton, les fleurs femelles en capitules ou solitaires. L'ovaire est infère. Le style, généralement court, se termine par deux ou trois stigmates. Le fruit est un gland, toujours muni d'une cupule qui souvent le recouvre entièrement, à la manière d'un péricarpe, comme le font voir le *hêtre* ou le *châtaignier*. La graine contient un embryon volumineux, dépourvu d'endosperme. Cette famille renferme plusieurs sections, telles que : 1° les ULMACÉES : *orme*, etc.; 2° les CELTIDÉES : *micocoulier*, etc.; 3° les SALICINÉES : *peuplier, saule*; 4° les MYRICÉES : *cirier*, etc.; 5° les BÉTULINÉES : *aune, bouleau*; 6° les PLATANÉES : *platane*; 7° les CUPULIFÈRES : *chêne, hêtre, charme, noisetier*; 8° les JUGLANDÉES : *noyer*, etc. Nous arrêterons là cette nomenclature, qui nous conduirait trop loin.

SIXIÈME CLASSE.

PÉRISTAMINIE.

Famille des Polygonées.

Les végétaux qui forment cette famille, les uns herbacés, les autres ligneux, ont les feuilles alternes ou opposées. Les fleurs, toujours petites, sont disposées en grappes rameuses. Le calice, gamopétale, est à trois, quatre ou cinq divisions; il n'y a pas de corolle. Le nombre des étamines périgynes varie d'une à cinq. L'ovaire, à une seule loge monosperme, porte un style à trois ou quatre divisions, terminées chacune par un stigmate. Le fruit est une baie ou un akène. Les genres principaux sont les RENOUÉES : le *sarrasin*, l'*oseille*, la *rhubarbe*.

Certains botanistes ont réuni à cette famille celle des *Chenopodées*, à laquelle appartiennent les *arroches*; l'*épinard*, dont les feuilles, soumises à la cuisson, forment un aliment très-usité; la *bette*; la *betterave*, qui donne une racine volumineuse et succulente dont on fabrique du sucre et de l'alcool; les *soudes*, qui croissent sur les bords de la mer et dont les

Baselle rouge.

cendres fournissent la soude naturelle du commerce; la *baselle rouge* du *Pérou*, que l'on mange cuite, à la manière des épinards.

SEPTIÈME CLASSE.

HYPOSTAMINIE.

Famille des Conifères.

Comme celle des amentacées, cette famille ne renferme que des végétaux ligneux, du genre de ceux que l'on désigne plus particulièrement sous le nom d'*arbres verts résineux*. Les feuilles sont le plus souvent étroites, linéaires et fasciculées ; elles sont généralement persistantes, et conservent en toute saison leur coloration verte. Les fleurs sont unisexuées, monoïques ou dioïques. Les fleurs mâles consistent en une ou plusieurs étamines, souvent groupées en épis ou en chatons écailleux. Les fleurs femelles sont presque toujours disposées en un cône plus ou moins allongé et composé d'écailles imbriquées ; chacune d'elles est formée d'un ovaire à une seule loge contenant un ovule. Le fruit est généralement un cône à écailles sèches, ligneuses et distinctes ; quelquefois cependant il ressemble à une espèce de baie qui résulte de la soudure des écailles restées charnues, comme dans le *cyprès*.

La graine adhère par son tégument propre avec le péricarpe ; elle se compose d'un embryon dont le corps cotylédonaire (particularité spéciale à cette famille) se divise en deux, trois, quatre et jusqu'à dix cotylédons.

Tous les végétaux de cette famille renferment des matières résineuses que tiennent en dissolution des huiles essentielles.

Ces matières, variables selon les espèces, sont répandues dans tous les organes, mais principalement dans de grandes lacunes que présente l'écorce.

Les végétaux les plus remarquables parmi les conifères sont les *pins*, et en particulier le *pin maritime*, qu'on cultive en grand dans les Landes et aux environs de Bordeaux, et qui fournit différentes résines, telles que la térébenthine, la colophane, la poix noire et le goudron ; les *sapins*, dont

Cèdre du Liban.

le bois est employé avec avantage dans les constructions navales, la charpente et la menuiserie, à cause de la légèreté et d'un certain degré d'imperméabilité à l'eau que lui donne sa nature résineuse ; le *cèdre du Liban*, l'un des plus grands et des plus beaux arbres qui existent ; le *genévrier*, dont les fruits servent à aromatiser certaines liqueurs fort en usage en Angleterre et en Hollande ; les *cyprès*, que l'on cultive dans les cimetières à cause de leur feuillage sombre et de leur aspect méancolique, et beaucoup d'autres, dont le nombre s'accroît chaque jour par les découvertes des botanistes voyageurs.

HUITIÈME CLASSE.

HYPOCOROLLIE.

Familles des Solanées et des Labiées.

Solanées. Cette famille se compose d'un grand nombre de plantes herbacées et de quelques arbustes ou arbrisseaux. Les feuilles, simples ou découpées, en sont alternes. Les fleurs, souvent très-grandes, sont solitaires ou diversement groupées. Leur calice gamosépale est à cinq divisions régulières ; leur corolle gamopétale présente des formes très-variées, et se divise, comme le calice, en cinq lobes plus ou moins profonds. Les étamines sont au nombre de cinq. L'ovaire, à deux et quelquefois à quatre loges, contient un grand nombre d'ovules fixés à l'angle interne des loges. Le style est simple, terminé par un stigmate bilobé. Le fruit est une capsule ou une baie. Les graines ont un embryon recourbé et recouvert d'un périsperme charnu.

Les solanées ont un aspect triste, dû à la teinte sombre et livide de leur feuillage. Quelques espèces sont alimentaires ; d'autres, en plus grand nombre, sont vénéneuses.

Parmi les espèces alimentaires nous citerons en première ligne la *pomme de terre*, qui a été apportée d'Amérique en 1586, et dont les tubercules souterrains sont, après les céréales, l'aliment le plus répandu. Ces tubercules servent à la fabrication de l'amidon, de la glucose et de l'alcool. Viennent ensuite, dans la même catégorie, la *tomate*, l'*aubergine* et le *piment*.

TABAC.

Parmi les espèces vénéneuses se trouvent en première ligne : la *belladone*, la *jusquiame*, la *stramoine* et le *tabac*.

La famille des solanées renferme encore quelques plantes dont les propriétés sont beaucoup moins énergiques, mais que l'on emploie en médecine : ce sont la *morelle* et la *douce-amère*.

Les *borraginées*, qui forment une famille voisine des solanées, ont toutes les parties des fleurs au nombre de cinq, excepté celles de l'ovaire, qui est libre. Le fruit est formé de quatre akènes, au fond d'un calice persistant. C'est à cette famille qu'appartiennent la *bourrache,* la *vipérine*, le *myosotis,* l'*héliotrope*, etc.

Labiées. Cette famille est l'une des plus nombreuses et

HYSOPE.

des mieux organisées du règne végétal; elle se compose de végétaux herbacés et quelquefois sous-ligneux, à tige carrée, à feuilles simples et opposées. Les fleurs, *personnées*, groupées à l'aisselle des feuilles, ont un calice gamosépale, tubuleux, à cinq divisions inégales. La corolle, gamopétale, est irrégulière et partagée en deux lèvres, l'une supérieure, à deux lobes, l'autre inférieure, à trois. Les étamines, fixées au tube de la corolle, sont ordinairement au nombre de quatre et didynames, c'est-à-dire qu'il y en a deux grandes et deux petites.

L'ovaire est profondément quadrilobé et porte à son centre un style simple terminé par un stigmate bifide. Le fruit se compose de quatre akènes situés au fond du calice persistant.

Toutes les plantes de cette famille sont aromatiques et stimulantes; les espèces principales sont :

La *sauge officinale*, le *romarin*, la *lavande*, le *thym*, la *menthe*, la *mélisse*, l'*hysope*, le *lamier*, la *sarriette*, la *sauge*, le *mélilot*, etc.

A côté des labiées, on trouve quelques genres qui forment les types d'autant de familles : la *verveine*, dont le fruit est une capsule à quatre larges monospermes; l'*acanthe*, remarquable par ses feuilles découpées et brillantes, qui figurent dans le chapiteau corinthien, etc.

NEUVIÈME CLASSE.

PÉRICOROLLIE.

Famille des Éricinées ou Bruyères.

Les éricinées sont des arbustes ou des arbrisseaux à feuilles simples, alternes, et ordinairement très-petites. Le calice a cinq divisions; la corolle est gamopétale, régulière, à quatre ou cinq lobes.

Les étamines, au nombre de huit à dix, sont soudées par leurs filets avec la corolle, et portent des anthères souvent terminées par deux appendices en forme de corne, et s'ouvrant par un trou situé vers leur sommet. L'ovaire, à trois ou cinq loges, est surmonté d'un style simple, terminé par un stigmate divisé en autant de lobes qu'il y a de loges à l'ovaire. Le fruit est une baie ou une capsule.

L'embryon est cylindrique et entouré d'un périsperme charnu.

Les plantes de cette famille sont surtout remarquables par

BRUYÈRE ARDENTE.

l'élégance de leur port, la belle couleur et la permanence de leurs fleurs. Les espèces principales sont : les *bruyères*, la *busserolle*, les *myrtilles* et la *pyrole*.

DIXIÈME ET ONZIÈME CLASSES.

ÉPICOROLLIE.

(Comprenant la synanthérie et la corysanthérie.)

Famille des Composées.

Cette famille est celle qui renferme le plus grand nombre d'espèces, répandues sur toute la surface du globe; elle se compose de végétaux herbacés ou ligneux, d'arbustes et d'arbrisseaux. Les feuilles sont alternes et rarement opposées. Les fleurs, très-petites, sont réunies en capitules sur un réceptacle commun dont la base est entourée d'un involucre. Le calice, adhérent à l'ovaire, présente un limbe denté, écailleux ou composé de poils formant une aigrette qui couronne la graine. La corolle est tantôt régulière, tubuleuse, et à cinq dents, tantôt irrégulière et déjetée latéralement en languette. Les fleurs à corolle régulière sont appelées *fleurons;* celles dont la corolle est irrégulière ou en languette portent le nom de demi-fleurons. Les étamines, au nombre de cinq, sont à filets distincts; mais leurs anthères sont quelquefois soudées en un tube que traverse un style simple terminé par un stigmate bifide. Le fruit est un akène, tantôt uni, tantôt couronné par une aigrette de poils simples ou plumeux. La graine contient un embryon sans périsperme et souvent oléagineux.

Cette grande famille se divise naturellement en trois tribus :

Les *carduacées*, dont toutes les fleurs sont des fleurons;

Les *chicoracées*, dont toutes les fleurs sont des demi-fleurons;

Et les *corymbifères*, dont les capitules se composent de

fleurons au centre et de demi-fleurons à la circonférence.

Elle renferme beaucoup d'espèces employées en médecine

1. Cinéraire de Crousse.
2. Dahlia.

et dans l'économie domestique, ou cultivées dans les jardins comme plantes d'ornement.

Dans la tribu des *carduacées* se trouvent : l'*artichaut*, dont on mange le réceptacle, et la base des bractées, formant l'involucre; le *carthame* ou safran bâtard, qui fournit aux teinturiers deux principes colorants, l'un rouge, l'autre jaune; la *bardane*, la *centaurée*, la *tanaisie*, l'*armoise*, l'*absinthe*, qui sont des plantes médicinales.

Dans la tribu des *chicoracées* se rencontrent la *chicorée*, la *laitue*, le *salsifis* et la *scorzonère*.

Dans la tribu des corymbifères se trouvent la *pâquerette* ou *petite marguerite*, le *chrysanthème* ou *grande marguerite*, le *souci*,

LE SOUCI.

Tu vois l'ami de Flore, errant dans un parterre,
Toujours auprès de toi passer avec dédain,
Et la beauté jamais de ta fleur solitaire
N'a paré sa tête ou son sein.
Semblable à ce métal que sa couleur rappelle,
Ta fleur n'a comme lui qu'un éclat imposteur :
Elle infecte la main qui veut s'emparer d'elle ;
Ainsi que l'or corrompt le cœur.

C. DUBOS.

les *coréopsis*, le grand *soleil* et les *dahlias*, qui font l'ornement de nos jardins; le *topinambour*, dont la racine fournit des tubercules alimentaires, charnus et rougeâtres extérieurement; le *seneçon*, l'*arnica*, la *camomille* et la *matricaire*, plantes médicinales contenant des principes amers et aromatiques.

DOUZIÈME CLASSE.

ÉPIPÉTALIE.

Famille des Ombellifères.

Les ombellifères sont des plantes herbacées, à tige souvent fistuleuse, à feuilles alternes, ordinairement découpées ou décomposées en folioles étroites. Les fleurs, toujours petites, blanches ou jaunes, sont disposées en ombelles, caractère qui a fait donner à cette famille le nom qu'elle porte.

DIDISQUE BLEU.

Chaque fleur se compose d'un calice adhérent avec l'ovaire, et dont le limbe est entier ou à cinq dents très-petites. Les étamines, au nombre de cinq, sont épigynes et alternent avec les pétales. Le pistil est formé d'un ovaire à deux loges monospermes, portant deux styles et deux stigmates simples divergents. Le fruit se compose de deux akènes, qui se séparent à la maturité. La graine contient un périsperme assez volumineux, et un très-petit embryon fixé à sa partie supérieure.

La famille des ombellifères, quoique très-naturelle, présente cependant des propriétés très-diverses. Ainsi on y trouve des plantes alimentaires, comme la *carotte*, le *panais*, le *céleri*, l'*angélique*; des plantes aromatiques, telles que le *persil*, le *cerfeuil*, la *coriandre*; des plantes médicinales, comme l'*anis*, le *fenouil*, l'*assa-fœtida*, le *didisque bleu*, la *grande* et la *petite ciguë*. Ces deux dernières plantes sont, comme on le sait, des poisons très-violents.

TREIZIÈME CLASSE.

HYPOPÉTALIE.

Famille des Crucifères. — Familles des Malvacées, des Renonculacées, des Nymphéacées, des Papavéracées.

La famille des *crucifères*, l'une des plus grandes et des plus importantes du règne végétal, se compose de plantes généralement herbacées.

Les feuilles, entières ou profondément découpées, sont alternes et sans stipules. Les fleurs sont en épi, en grappe ou en panicule. Le calice est formé de quatre sépales caducs; la corolle, de quatre pétales onguiculés et disposés en croix, d'où le nom de *crucifère* (porte-croix) donné à cette famille. Les étamines, au nombre de six, sont hypogynes et tétradynames, c'est-à-dire qu'il y en a quatre grandes et deux petites. Le pistil se compose de deux carpelles intimement soudés. Le fruit est une silique ou une silicule à deux loges séparées par une fausse cloison. Les graines, dépourvues de périsperme, ont un embryon oléagineux et recourbé sur lui-même.

Toutes les plantes de la famille des crucifères jouissent de propriétés stimulantes et antiscorbutiques qu'elles doivent à la présence d'une huile essentiellement âcre et piquante. Elles renferment aussi une grande proportion d'azote, qui donne à certaines d'entre elles des propriétés nutritives. Sous ce double rapport elles sont en usage en médecine et dans l'économie domestique. Parmi les plus usitées nous citerons : la *moutarde*, le *cresson*, le *cochléaria*, le *radis*, le *chou*, le *navet*, le *pastel*, le *colza* et la *navette*. Quelques espèces sont aussi cultivées comme plantes d'ornement dans les jardins; telles sont les *ravenelles*, la *giroflée*, la *julienne*, la *corbeille-d'or*, etc.

COCHLÉARIA.

La famille des *malvacées* renferme tout à la fois des herbes, des arbrisseaux et de grands arbres.

Les feuilles dans cette famille sont alternes et munies de stipules; les fleurs sont solitaires ou diversement groupées; le calice, souvent double, est à trois ou à cinq divisions; la corolle est formée de cinq pétales libres ou soudés à leur base, et roulés en spirale avant l'épanouissement de la fleur. Les étamines, généralement très-nombreuses, sont monadelphes, c'est-à-dire réunies par leurs filets en un seul faisceau formant une espèce de colonne; les anthères sont réniformes et uniloculaires. Le pistil se compose de plusieurs carpelles plus ou moins soudés entre eux; l'ovaire, libre, qui est surmonté de plusieurs styles et stigmates, forme à la maturité un fruit capsulaire, qui s'ouvre en autant de valves qu'il y a de loges, qui contiennent une ou plusieurs graines. L'embryon est dépourvu de périsperme, et porte deux cotylédons foliacés.

Espèces principales : la *mauve* et la *guimauve;* la *violette* ; le *cacaoyer*, dont les graines fournissent le *cacao*, qui sert à la fabrication du chocolat ; le *cotonnier*, dont les

COTONNIER.

graines sont enveloppées de ce duvet précieux si connu sous le nom de *coton;* le *baobab,* le plus gros et le plus grand des arbres connus, dont le tronc peut acquérir 30 mètres de circonférence ; les *roses trémières*, que l'on cultive dans les jardins pour l'élégance de leurs formes et la beauté de leurs fleurs, et qu'il ne faut pas confondre avec les *roses* proprement dites.

La famille des *renonculacées* a pour espèces principales les *renoncules*, les *boutons d'or*, l'*aconit*, l'*hellébore*, la *clématite*, le *pied d'alouette*, les *pivoines*, etc.

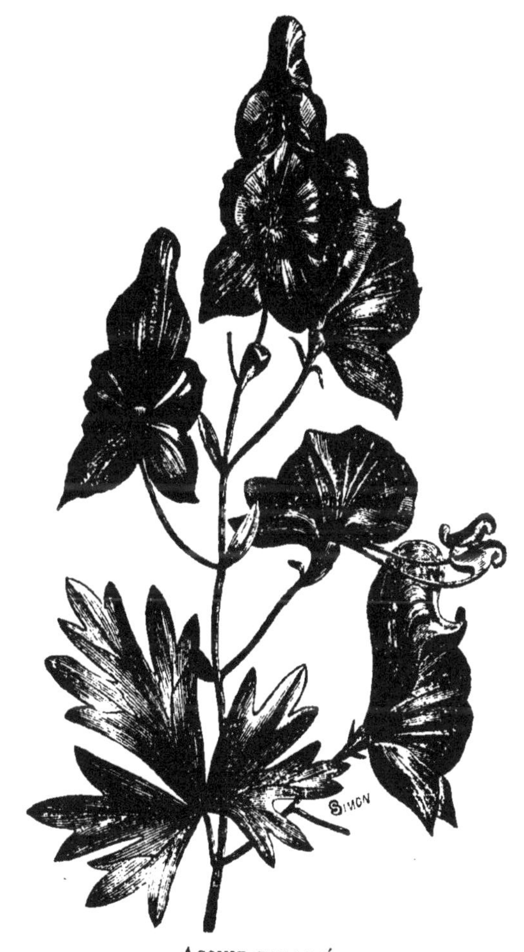

ACONIT PANACHÉ.

La famille des *nymphéacées* vient ensuite; elle est peu nombreuse. Les espèces principales sont : l'*Euryale féroce*, le *nénuphar jaune* et le *nénuphar blanc* de nos étangs. Ce dernier est la miniature du grand *nénuphar Victoria Regia*, qui croît dans des lacs de l'Amérique méridionale, et dont les feuilles atteignent de 5 à 6 mètres et les fleurs 1 mètre 1/2 de circonférence. Cette belle plante, apportée à Londres par M. Bridges en 1845, et semée dans un bassin de la serre de Kew, où elle a très-bien réussi, est aujourd'hui cultivée au Jardin des Plantes de Paris.

PAVOT SOMNIFÈRE.

La famille des *papavéracées* tient de toutes ces familles,

et comprend le *coquelicot*, la *chélidoine*, le *pavot*, dont on extrait l'opium.

L'*opium* est un suc qu'on obtient au moyen d'incisions que l'on pratique sur les tiges et le réceptacle de la graine avant sa maturité. Pris à petite dose, l'opium est un précieux calmant; pris à haute dose et fréquemment, il paralyse l'intelligence et conduit à l'hébétement. Les Orientaux arrivent à en absorber des doses dont la deux-centième partie suffirait pour conduire au sommeil éternel une personne qui n'aurait pas, comme eux, contracté peu à peu l'habitude de s'en servir.

On cultive, dans le nord de la France, sous le nom d'*œillette*, une espèce de pavot à fleurs blanches ou rosées, dont les graines servent à fabriquer une huile dont le mélange avec l'huile d'olive est difficile à reconnaître.

Le pavot est une des plantes les plus remarquables par le nombre presque incroyable de ses graines; un seul pied peut en donner jusqu'à 30,000 et même plus.

QUATORZIÈME CLASSE.

PÉRIPÉTALIE.

Famille des Rosacées. — Famille des Légumineuses.

La famille des *rosacées* renferme un grand nombre de végétaux herbacés ou ligneux. Les feuilles, simples ou composées, sont alternes et accompagnées à leur base de deux stipules. Les fleurs ont un calice gamosépale à quatre ou à cinq divisions, portant une corolle à cinq pétales distincts et régulièrement disposés. Les étamines, nombreuses, sont, comme les pétales, insérées sur le calice. Le fruit est tantôt une drupe, tantôt une mélonide, tantôt un groupe d'akènes.

Rosier a cent feuilles.

La famille des *rosacées* a été divisée en six tribus :

1° Celle des *fragariées : ronce, fraisier, benoîte, poten-*

tille, etc.; — 2° celle des *amygdalées : amandier, prunier, pêcher, cerisier, abricotier*, etc.; — 3° les *rosées : rosier, églantier*; — 4° celle des *pomacées : pommier, poirier, néflier, sorbier*; — 5° celle des *sanguisorbées : pim-*

THÉ DE CHINE.

prenelle, aigremoine, etc.; — 6° celle des *spiréacées*, qui ne contient que des plantes d'agrément.

Nous citerons à la suite de la famille des *rosacées* celles auxquelles appartiennent les *myrtes*, la *joubarbe*, les *saxifrages*, qui forment le trait d'union avec la famille des *légumineuses*.

La grande famille des *légumineuses* se divise en trois tribus : *papilionacées*, *cassiées* et *mimosées*. La plus intéressante de ces trois tribus est celle des papilionacées, qui se compose de plantes, d'arbustes et d'arbres dont quelques-uns peuvent atteindre les plus grandes dimensions.

Les feuilles, ordinairement composées, sont alternes et munies de stipules à leur base. Les fleurs, solitaires ou en grappes, ont un calice gamosépale à cinq divisions plus ou moins profondes et inégales. La corolle est à cinq pétales inégaux, dont un supérieur, plus grand, nommé *étendard*, deux latéraux, appelés *ailes*, et deux inférieurs, presque toujours soudés ensemble et formant la *carène*. C'est cette disposition de la corolle, qui, en effet, faisant ressembler la fleur à un papillon qui vole, a valu aux plantes de cette famille le nom de papilionacées.

Le fruit est toujours une gousse.

Cette tribu des légumineuses renferme un grand nombre de plantes employées soit en médecine, soit dans les arts, soit dans l'économie domestique : ce sont le *pois*, le *haricot*, la *fève* et la *lentille*, dont l'homme se nourrit ; la *luzerne*, le *trèfle*, et le *sainfoin*, qui produisent d'excellents fourrages ; l'*indigotier* et le *genêt*, qui donnent aux teinturiers, l'un un bleu magnifique, nommé *indigo*, l'autre un jaune éclatant ; la *réglisse*, le *copahu* et le *myroxylon*, la *gomme arabique*, le *tamarin*, le *séné*, le *cachou*, le *baume de tolu*, plantes médicinales ; le *cytise* ou *faux-ébénier*, le *robinia*, le *baguenaudier* et le *lotus*, qu'on cultive dans les jardins d'ornement.

C'est dans la famille des *légumineuses* qu'on observe le mieux le sommeil et la veille des plantes.

Tout le monde peut observer le phénomène du sommeil dans l'*acacia*, dont les feuilles, pendantes la nuit, se relèvent à la clarté du jour. Linné avait observé et rassemblé une série de végétaux dont les fleurs s'ouvrent et se ferment à certaines heures, et avait donné à cette collection le nom d'*Horloge de Flore;* malheureusement, des influences autres que celles de la hauteur du soleil venaient souvent déranger l'heure du coucher des fleurs, et leur indication était loin d'être exacte.

Cette collection étant toutefois curieuse à connaître, nous en donnons ici le tableau :

Le salsifis des prés s'ouvre à	3	heures	du	matin.
La chicorée sauvage	»	4	»	»
L'hémérocalle fauve	»	5	»	»
L'épervière frutiqueuse	»	6	»	»
La laitue cultivée	»	7	»	»
Le mouron rouge	»	8	»	»
Le souci des champs	»	9	»	»
La ficoïde napolitaine	»	10	»	»
L'hornitogale à ombelle	»	11	»	»

Le souci des champs se ferme à midi.				
L'œillet prolifère	»	1	heure du	soir.
L'épervière piloselle	»	2	»	»
Le mouron rouge	»	3	»	»
L'alysse alyssoïde	»	4	»	»
Le nénuphar blanc	»	5	»	»
Le géranium triste s'ouvre à		6	»	»
Le pavot nudicaule se ferme à		7	»	»
Le convolvulus droit	»	8	»	»
Le silené nocturne s'ouvre à		9	»	»
Le cactus à grandes fleurs	»	10	»	»
Le même cactus se ferme à minuit.				

Ce tableau ayant été dressé à Upsal, il doit y avoir dans l'épanouissement des mêmes fleurs à Paris, une heure de différence.

A la famille des *légumineuses* appartient aussi la *sensitive* (tribu des mimosées), plante gracieuse, dont les feuilles *palmées* se ploient instantanément au moindre contact du doigt, au moindre attouchement d'un insecte qui vient s'y poser, et ne se relèvent que lentement et longtemps après.

L'*attrape-mouche,* plante originaire de l'Amérique du Nord, offre, mais sous un autre rapport, une particularité fort remarquable. Ses feuilles, terminées par un disque muni d'une charnière au milieu, forment, en d'autres termes, comme deux demi-disques réunis par une charnière. Ces deux demi-disques, hérissés de poils, ont la faculté, au moyen de la charnière qui les unit, de se fermer et de s'ouvrir comme un livre. Sur leur face supérieure se trouvent deux petites glandes irritables qui sécrètent un suc qui attire les insectes. Si un insecte, alléché par cet appât, vient à toucher ces glandes, les deux demi-disques se rapprochent vivement et le retiennent prisonnier; plus il se débat, plus la contraction de la plante augmente, et l'animal finit par être étouffé; après quoi la plante déploie de nouveau ses feuilles, fait briller son suc tentateur, et attend une nouvelle victime, en laissant échapper celle qu'elle vient de faire.

Près des *légumineuses* viennent se ranger la famille des *térébinthacées* et celle des *rhamnées.*

Les *tébérinthacées* comprennent une grande quantité d'arbres résineux exotiques : le *pistachier*, le *sumac*, l'*acajou*, qui produit la *noix d'acajou*, les *baumiers*, qui produisent la *myrrhe* et l'*encens.*

Les *rhamnées*, végétaux à feuilles simples et stipulées, ayant pour fruit une drupe, une capsule ou une baie, comprennent : le *jujubier*, qui fournit les *jujubes*, drupes rougeâtres que l'on peut manger quand elles sont fraîches et qui servent à préparer la pâte de jujube; le *nerprun,* qui sert à faire un sirop médicinal; le *houx*, dont l'écorce sert à préparer la *glu;* le *fusain*, dont le bois léger sert à faire un charbon excellent pour la fabrication de la poudre de guerre.

QUINZIÈME CLASSE.

DICLINIE. — DICLINES.

Cette classe comprend les plantes dont les fleurs, dioïques ou monoïques, tantôt solitaires, tantôt disposées en grappe, tantôt renfermées dans un involucre charnu, ne renferment pas les étamines et le pistil réunis dans le même calice. Elle forme les familles des *urticées*, des *morées*, des *pipéracées*, etc., où se trouvent les *orties*, le *mûrier*; le *poivrier*, plante sarmenteuse dont les graines donnent le poivre; le *chanvre;* la *pariétaire*, qui croît dans les fentes des vieux murs; le *houblon*, plante vivace à tige volubile, à fleurs dioïques, dont le fruit est un cône composé d'écailles minces, entre chacune desquelles sont logés deux akènes; le *figuier*; l'*arbre à pain,* que l'on cultive sous les tropiques, et dont le fruit, de la grosseur de la tête d'un homme, contient une pulpe farineuse qui a le goût de la mie de pain frais et qui est un aliment très-sain.

Les *orties* sont garnies, comme chacun le sait, de poils aigus, dont la piqûre produit une cuisson douloureuse. Cette douleur n'est pas causée par le poil lui-même, mais bien par une liqueur caustique qu'il porte avec lui et qu'il introduit dans la plaie.

En observant avec une bonne loupe les poils de l'*ortie*, on voit qu'ils sont creusés en forme de gouttière et fixés par leur base sur une glande remplie du suc vénéneux. Quand on touche la plante, les poils pénètrent dans la peau; mais, dans l'effort qu'ils supportent pour y entrer, ils pressent la glande dont la liqueur vénéneuse s'introduit immédiatement dans la plaie. Ce mécanisme ressemble beaucoup à celui des crochets venimeux des serpents.

La classe des *diclines* comprend aussi la famille des *euphorbiacées*, dans laquelle on rencontre l'*euphorbe*, le *ricin,* le *buis,* le *tapioka*, l'*hévée,* qui produit le *caoutchouc*, et la famille des *cucurbitacées*. A cette dernière se rapportent les *melons*, les *pastèques*, les *calebasses*, les *courges*, les *coloquintes*, les *concombres*. Les fleurs sont ordinairement unisexuelles et monoïques; le calice et la corolle sont soudés entre eux par leur base. Les fleurs mâles portent cinq étamines; les fleurs femelles ont un ovaire infère, couronné d'un disque épygine.

Quelques auteurs ont rangé dans la classe des *diclines* quelques-unes des familles que nous avons citées à la cinquième : ce sont les *amentacées*, les *ulmacées*, les *salicinées*, les *myricées*, les *bétulinées*, les *platanées*, les *cupulifères*, et celle des *conifères*. Nous ne discuterons pas cette question, dont ce n'est point ici la place.

Un traité complet d'une science aussi vaste et aussi riche que la botanique exigerait plusieurs volumes, et, dans l'abrégé que nous donnons, nous avons voulu seulement en poser les principes généraux, frayer en quelque sorte à nos lecteurs la voie d'une étude plus approfondie dans les ouvrages des maîtres, et surtout dans le grand livre de la nature. Mais, vers quelque point que nous dirigions nos études et nos observations, partout nous rencontrerons les témoignages de la prévoyance du Créateur, qui, en plaçant sur cette terre les chefs-d'œuvre qui ornent notre séjour, a aussi tout disposé pour la conservation de leurs espèces. Si toutes les graines tombaient au pied des plantes qui les produisent, les jeunes plantes, entassées autour de leur mère, y croîtraient, l'étoufferaient, et s'étoufferaient elles-mêmes. En outre, la végétation tout entière se trouverait concentrée là où il a plu à Dieu de la créer. Mais il n'en est pas ainsi. Qu'on examine les graines des *synanthérées* : on les verra pourvues d'ailes légères ou d'aigrettes soyeuses qui en font une sorte de boule, imitant quelquefois un panache, d'autres fois une plume. Aussitôt que ces graines commencent à mûrir, elles allongent ces aigrettes, les étalent au vent; puis, emportées par la brise, elles quittent leur berceau, et vont, à travers les airs, tomber et germer à une distance quelquefois très-éloignée.

Toutes les graines ne sont pas pourvues d'ailes qui permettent aux vents de les transporter d'un lieu à l'autre, mais la prévoyance divine y a pourvu par d'autres moyens.

Voyez la *balsamine :* au moment de la maturité, par un mouvement brusque et spontané, la capsule se fend, et les valves, en se roulant sur elles-mêmes comme un ressort, lancent au loin les graines qu'elles renfermaient.

La *bardane*, la *benoîte* n'ont pas cette ressource pour disperser leurs semences; c'en est une autre qui remplit cet office : ces graines sont hérissées de crochets aigus, qui, au moindre contact, s'accrochent au poil des animaux, et se font ainsi disséminer où ces animaux peuvent aller.

Les oiseaux, enfin, transportent beaucoup de graines qui leur échappent du haut des airs, et se trouvent ainsi semées à des distances considérables.

Tous ces détails et mille autres, examinés avec une religieuse curiosité, offrent tout à la fois tant d'unité et de variété qu'ils élèvent nécessairement notre âme à la contemplation et à l'adoration de la sagesse infinie du Créateur.

FIN.

TABLE

Paris. — Imprimerie de J. Claye, rue Saint-Benoît, 7

www.ingramcontent.com/pod-product-compliance
Ingram Content Group UK Ltd.
Pitfield, Milton Keynes, MK11 3LW, UK
UKHW020918180726
13838UKWH00002B/618